图字 02-2022-023

审图号：GS（2022）1190 号
本书地图系原书插附地图

图书在版编目（CIP）数据

吴老师的趣味数学课 / (澳) 埃迪·吴著；阳曦译
. -- 天津：天津科学技术出版社，2022.5
书名原文：Woo's Wonderful World of Maths
ISBN 978-7-5576-9976-5

Ⅰ . ①吴… Ⅱ . ①埃… ②阳… Ⅲ . ①数学 - 青少年
读物 Ⅳ . ①O1-49

中国版本图书馆CIP数据核字(2022)第055175号

吴老师的趣味数学课
WU LAOSHI DE QUWEI SHUXUEKE

选题策划：联合天际·边建强
责任编辑：刘　颖

出　　版　天津出版传媒集团
　　　　　天津科学技术出版社
地　　址：天津市西康路35号
邮　　编：300051
电　　话：（022）23332695
网　　址：www.tjkjcbs.com.cn
发　　行：未读（天津）文化传媒有限公司
印　　刷：北京雅图新世纪印刷科技有限公司

关注未读好书

未读 CLUB
会员服务平台

开本 710 × 1000　1/16　印张17　字数 200 000
2022年5月第1版第1次印刷
定价：68.00元

[澳] 埃迪·吴 —— 著

阳曦 —— 译

吴老师的趣味数学课

WOO'S

WONDERFUL

"全球十佳教师"
埃迪·吴带你畅游奇妙数学世界

WORLD OF MATHS

Eddie Woo

天津出版传媒集团

天津科学技术出版社

献给生命的缔造者

"数学是上帝用来撰写宇宙的语言。"

——伽利略·伽利莱

中文版序

当我刚刚成为一名数学教师时，我胸怀大志，希望实现自己的职业理想。我平生是个乐观主义者，也是个理想主义者，尽管在权力、地位方面无意进取，但自始至终，我都希望自己能够为众多学生（这个数目大概要成千上万）带来更长远的正面影响。在一定程度上，这是所有教育者的理想。我的一些朋友，尽管有机会从事不同职业，却没有任何一份工作令其钟情。与之相比，我承担这样一种使命，自认为是幸运的。

毫不意外，在我教学生涯之初，我那尚不成熟的乐观主义遭受了些挫折。我认识到，课堂内要考虑诸多实际问题自不必说，即使参与、影响学生的课余生活，也难免要受到种种制约，所有这些，都使我感到无所适从。我的能力常受到限制，难以用我设想的种种方式来帮助孩子们。然而，我从未放弃目标，一直在帮助人们领会、欣赏甚至爱上我所教的那门学科。你现在手上拿到的这本书，便是上述承诺的部分兑现：跨越教室四周的墙壁，帮助各地的人们更深刻地理解数学，识别出它如何暗藏于我们的周围。书中有许多故事，这些故事，早在我第一次听说时便令我着迷，并让我对某些自以为了解的东西又产生新的认识。也许，你也会在这本书中找到一个让你惊喜的事实。

只有一点，我要提醒你，它来自本书成千上万读者的反馈：读完最后一页，与翻开第一页时相比，你可能已不再是同一个人。这本书能够

改变
你对
整个世界的
看法。

你将学会用一种不同的眼光看待花朵、手机电池或河流。下次你听歌、查询天气预报或仰望夜空时，你可能会蓦然发现，**隐藏的规律原来正在凝视着你！** 在看到这些陌生的现实后，你将逐渐改变，不再局限于理解数学，而是真正地发现数学的奇妙。如果你已准备好开始这段旅程，请翻开新的一页吧。

埃迪·吴

2022年4月

前言

上学的时候，我觉得数学很无趣。我能学懂一部分，但认为它没什么意思：学习数学感觉就像努力去记某个游戏里一系列莫名其妙的规则，但这个游戏我既不理解，也没兴趣争胜。虽然我的确记住了一些概念和定理，但却很少体验到成就感，因为我总是犯一些老师们所说的"愚蠢的错误"——不小心算错数，答案自然不对。

十多岁的时候这似乎就是我对数学的全部认识：学习解题方法，找到专属于这道题的数字，也就是它的"解"。由于我从来不觉得这是一件轻松的事，所以我一直忍受着数学，既不享受，也不觉得自己擅长。取而代之的是，我把精力投入了那些容易接受得多的科目：英语、历史和戏剧。但在我19岁那年，一切都变了。

我真诚地希望，打开这本书的你们都拥有和我类似的经历。数学从来不是你的强项。我如此希望的原因在于，如果你正捧着这本书，打算好好研读，那么和19岁的我一样，你的故事还长。因为你看，我从19岁开始接受训练，准备成为一名数学教师。考虑到刚才我对自己的描述，你可能有点惊讶——我保证会在后面解释自己如何"沦落"到了这等地步！但现在，重要的是：当我开始学习如何当一名高中教师的时候，我发现了一个秘密。确切地说，我发现了几百个秘密——因为我开始发现，数学和我曾经以为的很不一样。我开始明白波兰数学家斯特凡·巴拿赫（Stefan Banach）那句话的真正含义："数学是人类头脑创造出的最美、最强大的事物。"

这就是本书的主题。我想带领你们踏上我曾经的旅程，让你们和当年的我一样理解：

数学
就在
我们
周围。

数学让我们得以看见、触摸宇宙中隐形的规则，数学还能帮助我们站到更高的层面去欣赏这个世界上我们热爱的所有事物。这些目标都很宏大——所以我们最好赶紧开始！

祝阅读愉快。

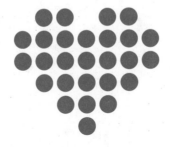

Eddie

数学是人类头脑
创造出的最美、
最强大的事物。

——斯特凡·巴拿赫

第 1 章

天 生 的 数 学 家

人类天生就是数学家吗?

在 一次广播采访中,有人向我提出了这个问题。当时我们讨论的话题是 "人类是天生的科学家"。在生活中,你不需要教孩子怎样做实验、观察结果并重复这个过程,直到最后证实或者证伪某个假设。这些行为完全出于本能,不需要任何正式训练。从这个角度来说,孩子们从睁眼的第一刻就开始用科学的方式思考、行动、探查周围的世界,哪怕他们对此并不自知。

那么,人类是天生的数学家吗?孩子们天生就会用数学的方式思考、行动吗?又或者这是一种后天习得的行为?

我之所以惦记这个问题,原因之一是,它和很多人的一个观念关系密切:有的人生来拥有数学能力,另一些人则不然,所以常有人说:

"数学不是我的菜。"

人们普遍认为,数学是一种只属于部分人的特殊才能。如果没有这种才能，那你永远没法真正理解它。很多人这样评价自己（还这样教孩子！）——但这句话真有什么现实依据吗？

要回答这个问题，首先我们需要厘清"数学家"的含义。这件事可能比你最开始想的要难。生物学家研究活物，物理学家研究运动物体，化学家研究物质，天文学家研究恒星和行星，地质学家研究石头，这些定义完善的领域都有清晰的边界。但数学家呢，他们研究什么？出于直觉，你可能会说，数学家研究的是数字，但即便完全抛开数字，你也可以非常深入地探索诸多数学领域（例如几何学或者拓扑学）。既然如此，所有数学家有什么共同点呢？

大部分人给出的答案都是：所有数学家研究的都是**规律**。一对奇数加起来肯定是个偶数。任何多边形的外角和肯定等于360度，不管它是大是小，是规则还是不规则。帕斯卡三角[1]每一行的和都是2的幂。

物体在引力作用下的运动轨迹总是遵循圆锥曲线（无论它是圆、椭圆、抛物线，还是双曲线）。花朵中的小花总是按照一种非常特殊（和巧妙）的几何规律向外旋转。

所以，要给数学家感兴趣的领域划出边界是一件不可能的事情：他们对任何规律都有兴趣，而规律无处不在。

我们生活在一个充满规律的宇宙中。

这就是"宇宙"（cosmos）这个词的本意——秩序和规律。反过来说，"混沌"（chaos）则意味着无序、缺乏合理规律。

现在，我们可以明确地回答开头那个问题。当你问道，"人类生来就是数学家吗？"你实际上问的是，"人类生来就会寻找并试图理解周围的规律吗？"

---

[1] Pascal's Triangle，在我国教材中通常称为"杨辉三角"，这是二项式系数的一种写法，因在我国首次出现于南宋杨辉的《详解九章算法》中而得名。——译注（以下若无特殊说明，均为译注）

What do all
所有

mathematicians
数学家

have in
有什么

common?
共同点？

A

THEY
他们
STUDY
研究
PATTERNS
规律

以这种方式陈述问题，一切就变得清晰起来。它的答案无疑是肯定的。人类大脑是当之无愧的规律识别机，它从骨子里最擅长的就是捕捉周围的规律。大脑的几乎每一种功能都可以描述为它与规律之间的关系。什么是嗅觉？它是我们识别各种气味规律并以好（甜）和坏（苦）将之分别归类的能力。什么是记忆？它是规律与特殊意义之间的联系，比方说，我们靠面部和声音特征来认人。

我们平时说的"理解"和"技能"，其实主要指的是比一般人更有效地识别规律的能力。经验丰富的医生可以通过特定的症状规律诊断疾病。训练有素的出租车司机知道，该如何根据目前的位置和交通状况，选择去往目的地的最佳路线和转弯时机。你会不断重复某些特定的规律，以至于它们渐渐成了你角色和性格的一部分——我们称之为"习惯"。

我们人类所擅长的不仅仅是识别规律，我们还热爱创造自己的规律，擅长此道的人有个特别的名字——"艺术家"。音乐家、雕塑家、画家、摄影师——他们都是规律的创造者，所以从这个角度来说，他们也是数学家。我曾听人说，音乐是"人们通过数数而获得的愉悦，但他们并不知道自己实际上是在数数"。

人类如此习惯于寻找规律，以至于我们甚至能看到实际上并不存在的"规律"。赌徒幻觉和安慰剂效应完美地展示了我们在日常生活中建立因果联系的欲望是多么不可抵挡，哪怕审慎的逻辑已经得出了相反的结果。

所以，是的——
我想人类的确是天生的数学家。

但不一定是天生的好数学家！不过，这正是我爱当数学老师的原因，它驱使我去帮助人们掌握这门学科。在我们成长为数学家的过程中，我们越来越擅长捕捉自己内心深处的动力，去理解那些赋予宇宙活力的规律背后的美与逻辑。

第 2 章

神 圣 的 圆

"**爸**爸，看窗户外面！"

那个雨天的下午，我正试图专心地开车。我戴着墨镜，拼命眯起眼睛，因为太阳低低挂在地平线上，湿漉漉的路面看起来格外刺眼。即使一切顺利，接孩子放学也是一件很有压力的事情，但后座上女儿的声音吸引了我的注意力，我抬起视线，透过后视镜看了看她。她把胳膊撑在车门扶手上，手托下巴透过雨迹斑斑的窗户往外看。一看她的眼睛，我就知道她有多惊讶。于是我转过头，看到了这些年来我所见过的最明亮的一道彩虹。考虑到我还在车流中缓慢行驶，我真不该盯着它看那么长时间，但和女儿一样，我发现自己很难移开视线。那斑斓的绿，灼热的红，神秘的靛蓝……虽然我见过几百次彩虹，但今天这道彩虹格外引人注目。

"它为什么是圆的，爸爸？"

"嗯？"我敷衍着答道。家长在没心思好好回答问题的时候总爱这么干。

我的视线回到了前面的路上，现在周围的车都停了下来。我的大脑终于跟了上来，但为了拖延时间，我还是条件反射般重复了一遍她的问题："圆的？"她仍然望着窗外，但我眼角的余光发现她点了点头："是啊，为什么是圆的？"

我的孩子们身上有许多我热爱的东西，他们永恒的好奇心是我最爱的特质之一。因为年龄的关系，或者说因为缺乏常识，他们会以一种已经被我厌倦、被我训练有素的大脑忽略的方式看待世界，从而发现一些格外美丽而震撼人心的东西。

比如在这件事上：
彩虹为什么是弧形的？
是什么赋予了它浑圆的优雅形状？

我们发现，彩虹优雅的圆来自一个出乎意料的地方：组成彩虹的每一颗雨滴都是优雅的圆形，所以彩虹也是圆的。

我之所以会说"出乎意料"，是因为讽刺的是，在大部分人心目中，雨滴不是圆的。恰恰相反，只要在网上随便搜一下，你会找到几百万张尖顶的雨滴图片。但要是搜索"雨滴照片"，你会看到更现实的景象：虽然它有时候会被微微拉长或挤压，但比起漫画留给我们的印象，真正的雨滴更接近球形。

但我讲得有点太快了。现在我们稍微回过头思考一下，当你看到天空中的彩虹时，实际发生了什么？经验告诉我们，雨后不一定有彩虹；雨停后，

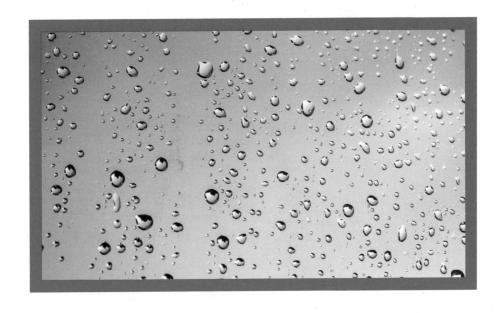

阳光必须够亮，才能形成明亮的彩虹，所以太阳雨往往比较容易带来彩虹。如果整片天空都被厚厚的云层笼罩，那你的运气就不太好了。雨是必要非充分条件——你还需要光。

平克·弗洛伊德和艾萨克·牛顿的拥趸都知道，光在穿过棱镜之类的物体时会出现奇妙的变化。在一种名为**"折射"**的现象作用下，白光——例如太阳发出的光，会分解成各种颜色，我们称之为**"彩虹"**。

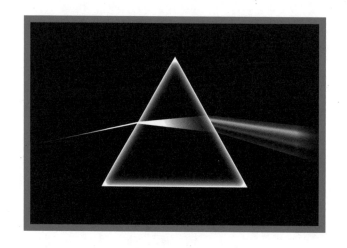

雨滴的作用有点儿类似《月之暗面》那张专辑封面上的棱镜，它会折射阳光，将之分解为光谱。但是，如果这就是全部真相，那么雨后应该到处都能看到彩虹。可是彩虹为什么总是呈现出完美的圆形呢？还有，彩虹的弧度为什么总是朝着远离太阳的方向拐去，而不是反之？

问题的关键在于，雨滴是圆的。

来自太阳的光线遇到球形的雨滴会发生什么，这完全可以预测——而且真的非常耀眼，这是圆的几何性质所决定的。阳光不仅会折射成彩色光，还会在雨滴内部多次反射，最终从特定的角度完美地折射出来，呈现出完整的光谱。

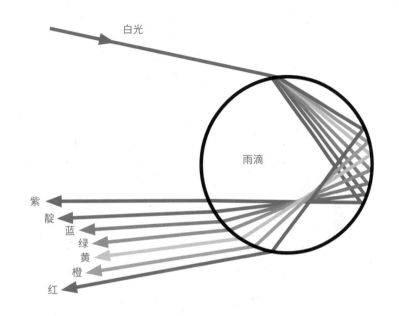

与此同时，还有其他数百万颗雨滴会朝你所在的方向精确地反射光线，其中每一颗雨滴都分布在一个巨大的圆锥面上，你的眼睛就位于这个圆锥的顶端。但从顶端向下俯瞰的时候，你看不到完整的圆锥，只能看到它的横截面，那是一个圆。接下来你可能会问，为什么我们看到的彩虹只是一个半圆？这是因为地平线很容易遮挡圆的下半部分。从天上的确能看到完整的圆，比如说透过飞机的窗户往外看，前提是你的运气够好！

对我来说，这就是数学。我们周围的世界充满着各种各样的规律、结构、形状和联系，它们不仅值得欣赏赞叹，同时也是可理解的。

人类发展出了数学这门语言，让我们得以利用它来解释世界，但种种现实——譬如彩虹，告诉我们，数学不仅仅是虚无缥缈的发明。它往往和我们周

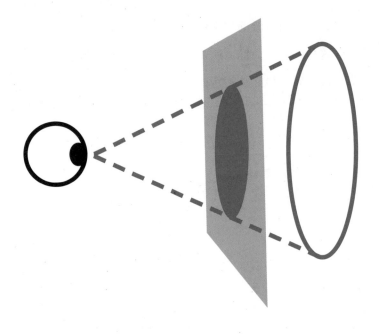

围的世界密切相关，只要我们愿意睁开眼，就能看到它。

　　我不记得那天下午坐在车流中欣赏天空时我是怎么回答女儿的。但现在我可以告诉她，还有你：彩虹之所以是圆的，是因为无数雨滴齐心协力，奉献了这场令人屏息的梦幻灯光秀；要不是亲眼看到它出现在头顶的天空中，我们很可能不会相信，它竟然是真的。

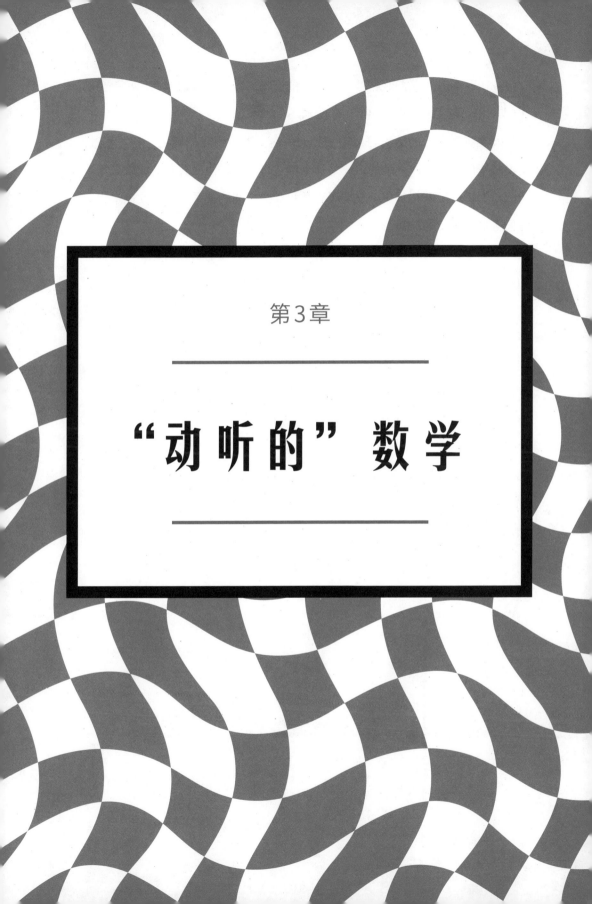

第3章

“动听的”数学

倚在我桌边的木吉他真是一件神奇的造物。每当我拨动琴弦，它就会奏出你能想到的"最动听"的数学。

人类演奏音乐的历史可以追溯到……呃，追溯到我们诞生之初。不过，据说是毕达哥拉斯——是的，就是那个毕达哥拉斯，他最著名的成就是用直角三角形折磨全球儿童——发现了音乐和数学之间的关系，并由此创造出了我们所知、所热爱的音阶。

传说毕达哥拉斯在散步时路过了一家铁匠铺。铺子里有两名工人正在挥动锤子击打铁砧，两个铁砧的形状不同，所以它们被敲击时会发出不同的声音。就在这一刻，毕达哥拉斯意识到，物体的形状和它发出的声音之间必然存在某种数学联系。用铁匠留在街边的几根铁条做了一番实验以后——如果你是个自由思考的古希腊哲学家，谁也不会介意你莫名其妙地跑去敲打他们的财物——他发现，如果用来敲击的铁条长度正好等于被敲击铁条的一半，由此产生的声音格外美妙。要理解这是为什么，我们需要介绍一下声音的机制。

一旦空气发生**振动**，我们的耳朵就会听到声音。任何能拨动空气的物体都会产生声音：你行走时踩在地上的脚步，你开车时引擎里成百上千的齿轮和活塞，或者暴风雨中呼啸的风。我们可以用示意图来描绘这些声音，以时间为横轴，我们可以看到在特定的时间有多少空气正在振动。下面分别是脚步、引擎和大风天的示意图：

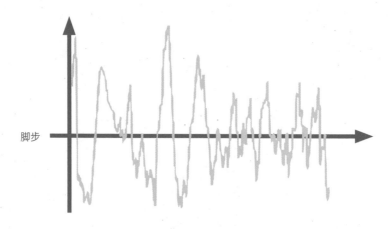

脚步

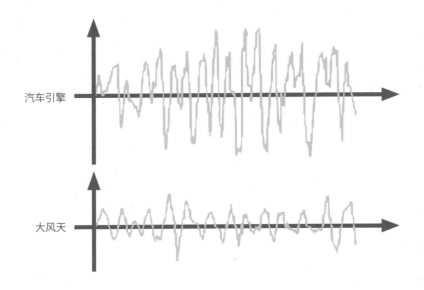

汽车引擎

大风天

虽然这几幅图看起来没有太多相似之处，但它们的确有一些共同点。这几幅图描绘的声音都不是音乐，所以它们的曲线起伏看起来完全随机、不可预测。作为比较，下面这几幅图分别描绘了一个音阶：

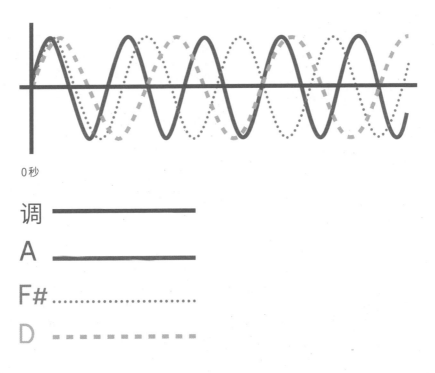

0秒

调 ━━━━━━━━

A ━━━━━━━━

F# ⋯⋯⋯⋯⋯⋯

D ▬ ▬ ▬ ▬ ▬ ▬

二者的区别非常明显。数学家会说，这些图具有"周期性"，因为它们会以一定的时间间隔（"周期"）不断重复。你眼前的图形有个好听的名字，叫作"正弦波"（sinusoidal wave），因为"鼻窦"（sinus）这个词来自拉丁语里的"曲线"（curve），你的鼻窦就是一系列"弯曲的"凹陷。以懒著称的数学家热爱缩写，这个词最终被他们简化成了"正弦"（sine）。曲线起伏更快的正弦波频率更高，于是我们会听到更高的音调；起伏慢的曲线频率低，音调也低。

乐器之所以能发出非常简单的音波，是因为它们实际上都是些很简单的东西。比如说，我最熟悉的乐器——木吉他——其实只是一系列的弦，它们会上下运动，振动周围的空气。吉他中空的琴身只是提供了一个空间，让这些振动得以回荡、放大，由此产生更大的声音。但从本质上说，吉他就是一根弦。

当你拨动吉他琴弦，或者任何一根绷得够紧的弦，它会上下振动，带动周围的空气，发出动听的声音。但是，我们从这里开始理解毕达哥拉斯的发现——乐器的美妙之处在于，你可以用它奏出不同的音阶。吉他调节音阶的方法是按住琴颈竖板上的某根弦，我们称之为"品丝"。

按住品丝实际上是缩短了这根弦振动的长度，被按住的弦能够发生振动的部分比你不按它的时候更短。短弦上下振动的速度更快，长弦振动速度更慢。要理解这一点，更简单的办法是想象一群孩子正在甩一根很长的跳绳，就是容得下四五个人同时跳的那种。这样的长绳甩起来比单人跳绳慢，吉他弦也一样。

要控制琴弦的振动速度，办法不止这一种；更粗、更重的弦运动速度也更慢，所以它们的音调更低。所以你会发现，吉他的六根弦粗细不等，它们依次越来越粗，发出的声音也越来越低沉。（也正是出于这个原因，如果你走进一家乐器店，比较一下普通的吉他和贝斯，你会发现贝斯的弦比吉他粗得多。）

我们还是回过头来说毕达哥拉斯。假设下面这些长短不一的金属条就是他找到的那几根。

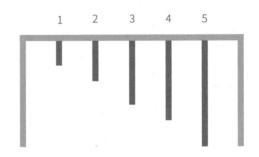

2号金属条的长度正好是4号的一半，它的振动速度更快，确切地说，快一倍。所以，如果把它们的声音放到一起来比较，你会看到下面这幅图：

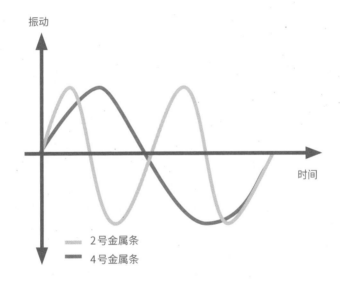

你可以看到，这两道声波开始和停止振动的时间完全同步，所以它们听起来很和谐：这两个音阶放在一起非常舒服，音乐家们称为一个"八度"。

音乐是用和弦的组合表达情绪的一门艺术。举个例子，杰出的作曲家贝多芬以编排和声——例如上图中所示的和声——与非和声的精湛技巧而著称，他的作品总会唤起听众对和谐的渴望。不和谐的和弦图形看起来很不一样：

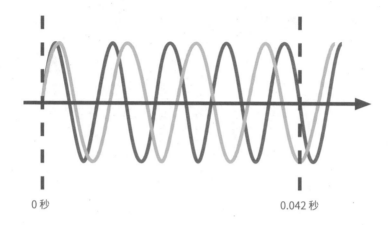

0 秒   0.042 秒

你可以看到，在不和谐的和弦里，音阶挨得很近，但它们的起止时间绝不相同。人类的耳朵很不适应这样的声音，所以我们对音乐的渴望实际上是一种无意识的对数学和谐的追求。

第 4 章

穿过血管的闪电

诗的艺术在于赋予同样的东西不同的名字，数学的艺术在于赋予不同的东西同样的名字。

——亨利·庞加莱

我们生活的宇宙中充满着各式各样的主题：爱和磁之类的概念和原理无所不在，有时候甚至会出现在最让人意想不到的地方。我们生来就擅长寻找联系：**我们热爱把点连缀起来**，理解万物的联系，领会看似无关的想法之间的关系。在这个太容易关注分歧的时代，知道那么多东西的表面下潜藏着深刻的统一性，这实在值得欣慰。

我认为数学是美的，这正是原因之一。正如伯特兰·罗素所说，数学之美"冷而严峻"；换句话说，对数学之美的欣赏可能和其他某些东西一样，是一种后天养成的品位。不过，只要你愿意付出些许努力去琢磨它，你就能以更丰富、更清晰的视角去看待我们生活的世界，这便是你获得的奖赏。尤其值得注意的是，数学的独特力量能帮助我们看到，表面上差异巨大的事物实际上是如何紧密联系在一起的。不同领域中看似风马牛不相及的事物往往被同样的规则所塑造、驱动。这方面我最喜欢的一个例子是血管和闪电。

从表面上看，血管和闪电毫无关系。前者有生命，后者没有（但它的确能终结生命！）。前者和你一样世俗，后者更像神的造物。前者有时候细得肉眼无法分辨，后者有时候会将最高的摩天大楼衬托得无比渺小。前者由黏糊糊的肉和搏动的液体组成，后者算得上最纯粹的非物质能量形式。但这两种事物有着确凿无疑的联系，这一联系源自它们最明显的特征——形状。

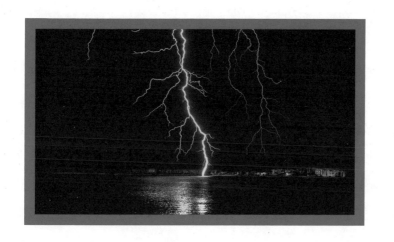

闪电 ←

应该承认，我们大多数人不会花很多时间仔细去看血管或者闪电。显然，闪电不太可能长期存在，而且你的视线往往会被什么东西阻挡，让你无法完整地欣赏它的壮丽。从另一方面来说，你的身体里倒是布满了血管，但大部分血管位于身体的深处，根本看不见。所以请让我帮助你填补视觉的空白：

血管 →

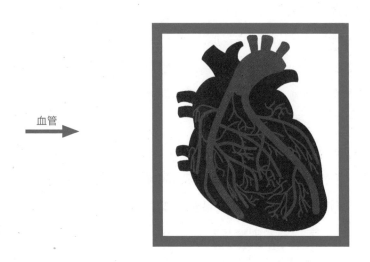

你也许会说，这两种相去甚远的事物竟然如此相似，真是，请原谅我的双关语——令人震撼，如遭雷击。你肯定很想问，这是为什么呢？这两种看似毫不相关的东西形状为何如此相似？要回答这个问题，我们需要回到欧几里得的时代，他是所有几何学家，即专门研究形状的数学家的始祖。

欧几里得生活在古希腊的黄金年代，当时的社会精英实现了摆脱体力劳动的梦想，有时间悠闲地追求哲学。于是，他将希腊人最珍贵的一个信念进行了具象化：我们在周围世界中看到的万事万物都是理想国度中完美原型的不完美投影，这一理想国度与凡俗绝不相通，你只有在精神世界里才能体验到它。每棵树都是一棵完美树的残缺复制品。每幢人造建筑都是奥林匹斯山诸神所居住的神殿在人间的渺小幻影。

欧几里得将这一理念拓展到了形状的领域。比如说，人类已经造了几百年轮子。但即便是在今天，更别说古希腊的年代，以我们的技术，也没法把轮子做成完美的圆形。它们的圆度足以满足我们的使用要求——绕轴旋转，推动汽车，但要是你拿放大镜仔细观察就会发现，这些轮子的曲面凹凸不平，不够光滑。欧几里得提出，完美的圆一定存在于某个地方；哪怕他无法看见或触摸它，但借助一些基本的绘图工具——直尺和圆规，他可以研究、理解它。直到十几个世纪以后，圆规——除了拿来戳你的朋友、惹恼他们以外几乎别无他用，之所以仍是每个学生的几何工具包里最基本的配件之一，很大程度上应该归功于欧几里得对圆形的痴迷（以及他对画圆工具的执着）。

完美的圆拥有绝对平滑的边线；完美的三角形拥有绝对直的边；完美的矩形每个角都是绝对的直角。欧几里得热爱这些形状，因为它们遵循的规则如此简单，不费吹灰之力就能创造出如此优雅的图形。它们时刻存在于我们身边，事实上，它们最常出现的地方是你的脚下。出门闲逛的时候，请睁大眼睛留意人行道和小路上有趣的砖块图案，某些设计可能美得让你惊叹！

但在欧几里得的世界里，就连那些不如砖块整齐的形状也能展现出魔法般的奇妙特性。比如说，取一张纸，在上面随便画4个点，然后拿一把尺子把

它们连起来，你就得到了一个四边形。

哪怕你的四边形看起来很不规则，它依然自带隐藏规律。用你的尺子找出每条边的中点——线段正中的那个点。4条边有4个中点。现在把它们连起来，你会得到什么？不规则四边形中点的连线构成了一个完美的平行四边形！两组相对的边完全相同——也就是说，它们长度相同（量量看！），互相平行，方向也完全相同（无论你怎么朝两头延长，它们也永不相交）。

再试一次看看。在新的一页纸上画一个新的四边形，你可以竭尽全力，把它画得尽可能地奇怪一点，只要把每条边的中点连起来，你必然得到一个完美无瑕的平行四边形。难怪欧几里得对这些形状如此痴迷，既然不规则的图形都有如此奇妙的性质，不妨想象一下，那些更特殊的图形又能产生怎样的变化。

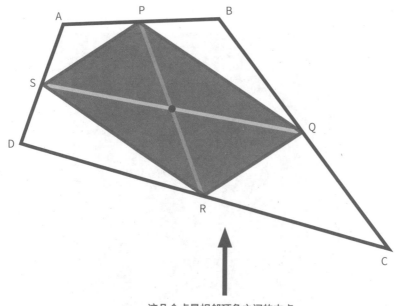

这几个点是相邻顶角之间的中点

虽然我一直在强调点和中点，但欧氏几何最具代表性的特征是平滑。将欧氏多边形的任意一条边放大观察，你会看到一条完美无瑕的直线。欧氏固体的表面在放大镜下光滑得像是熨过一千遍。只要放大的倍数足够多，就连曲线最终也会变成平滑的直线。比如说，如果将圆的边线不断放大，它的圆弧在小尺度下看起来会变成直线：

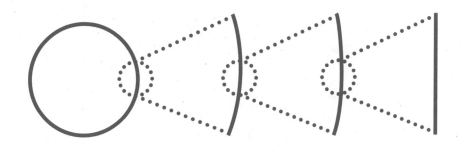

我们不该对此大惊小怪，
因为我们就生活在一个
巨大的球体表面，
但在我们熟悉的尺度上，
地面看起来总是十分平坦。

人类工程师甚至会反向利用这一特性，用直的元件，比如说坚硬的钢梁，搭建远看像是弯的建筑物。

悉尼海港大桥

但本华·曼德博（Benoit Mandelbrot）——这位波兰数学家的主要工作是在20世纪50年代和60年代完成的——发现，欧氏几何的世界观从深层来说并不稳定。现实世界不是由平滑连续的线条构成的。现实中充满着凹凸不平的边和坑坑洼洼的表面，线条被切分得支离破碎，与欧几里得的完美形状几乎毫无相似之处。这方面的典型案例衍生出了一个名叫"海岸线悖论"（coastline paradox）的数学谜题，它源自一个简单的问题：澳大利亚的海岸线有多长？

要理解这个问题为什么会产生悖论，我们不妨先看看上面这张地图。你

会立即注意到，陆地与海洋之间的界线似乎严重违反了欧几里得的几何定律。地图上没有直线，甚至没有光滑的曲线。就算有一百万年的时间去踏勘每一个角落，你也没法用直尺或圆规把这幅地图给画出来。要是你想测量这条海岸线的长度，问题就来了。

假设你有一把巨大的尺子，可以用来测量海岸线。尺子显然是直的，所以它会忽略地形的部分凸起和凹陷，但它应该可以粗略地测量出这个国家的边长。如果这把尺子的长度是1000千米，它的测量结果大约如下图所示：

8.8把尺子 ≈ 8800 千米

如果你想增加测量的精度，那么只需要换一把小点的尺子。我们不妨把尺子的长度缩短到500千米，结果如下图：

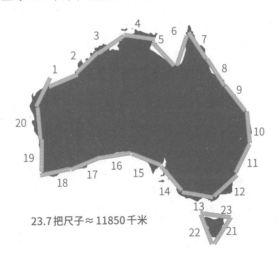

23.7把尺子 ≈ 11850 千米

没问题，新的测量结果更长。这是意料中的事，因为前面说过，由于尺子变短了，此前被忽略的大量凹凸地形被纳入了考量。比如说，由于现在我们采用了合适的尺子，塔斯马尼亚岛终于被算到了澳大利亚的海岸线里！可是问题来了，如果这样继续下去，又会发生什么？如果我们换一把更小的尺子，比如说100千米长的，那会怎样？

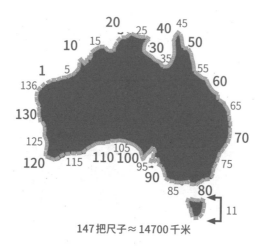

147 把尺子 ≈ 14700 千米

好吧，事情开始变得有点诡异了。虽然你可能有这个心理预期，新的测量结果应该比原来更长，但你依然希望，我们会越来越接近一个大致的结果，这是很自然的。在下一章中探索指数式增长的时候，我们会观察到类似的现象，指数的增长率似乎有个确定的"上限"（数字e）。可是反过来说，在测量海岸线的时候，我们发现，这个估测值一直在增长，丝毫没有减缓的迹象。事实上，如果你继续缩短尺子，海岸线的"长度"会继续无限增加。如果你的尺子无限短，你会发现海岸线无限长。这就是海岸线悖论。

海岸线为什么会呈现出这样的性质？这个问题把我们带回了老朋友本华身边。他注意到，虽然崎岖不平的海岸线看起来毫无规律可言，但它一定遵循某种内在的规律和理由，哪怕这些规律看起来不那么明显，就像前面介绍的不规则四边形中点总能连成平行四边形那样神奇。比如说，看看这条美丽的海岸线，它来自缅甸的丹老群岛：

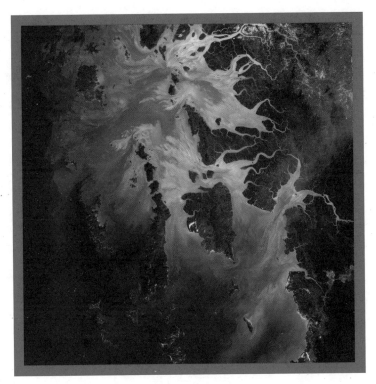

图片来源: NASA

　　这样的航拍照片相当引人注目。而对曼德博来说，这类图形带来了一个有趣的问题：**它算几何图形吗？** 它肯定不符合欧几里得的任何理念：图中没有直线，也没有清晰的角或多边形。但与此同时，它也不是随机的。毫无疑问，它拥有清晰的结构与几何模式，虽然你没法用欧几里得的定理严格地将它描述出来。所以，曼德博开始寻找某种方法来理解、描述他看到的这些形状。他确定这是某种几何图形，只是和他以前见过的都不一样。由于这类图形里充满着看起来支离破碎的形状——碎片，所以他称之为"分形"（fractal）。

　　海岸线悖论源自一个事实：海岸线是一种分形图案。现在我们回头来看澳大利亚地图，但这次我们不是要测量它，而是将它放大，去揣摩、理解海岸线的形状。

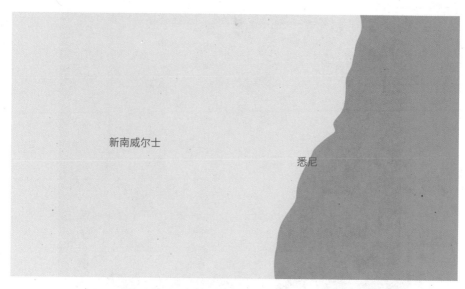

和整个澳大利亚的海岸线一样，新南威尔士的海岸线也是崎岖不平的。如果继续放大，比如说聚焦到悉尼的海岸线上，你会观察到，这样的模式还在继续：

无论放大多少倍，每放大一次，你总会看到新的峡角和裂隙，让整条海岸线显得"破碎"。哪怕你亲自走到悉尼的某片海滩上，拍一张与视线平齐的照片，你依然会看到岸边凹凸的岩石和洞穴，和整个澳大利亚地图上的凹凸十分相似。曼德博抓住了这类图形天然的典型特征：无论放大多少倍，它们看起来仍与原始图形相似。欧氏几何的特征是平滑，而用数学家的语言来说，分形几何的特征是自相似（self-similarity）。哪怕不断放大，分形物体看起来仍和原始图形相似。一旦你理解了这个概念，你会发现它无处不在。

分形的确是自然的几何。

自然的几何 →

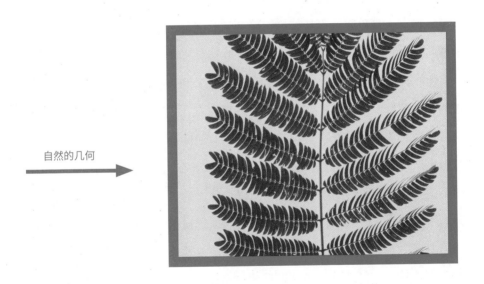

你的血管之所以看起来像是闪电，背后的原因正是分形。你看，尽管血管和闪电存在的理由和实现的机制都各不相关，但从本质上说，它们的出现是为了解决同一类数学问题：分配。

血管依靠设计来完成这一任务，它们的使命是把氧气和营养物质运送给身体里的每一处组织（同时带走废料），所以进化将它们塑造成了如今的形状，让它们最有效地触及每一立方厘米的肌肉和器官。血管网络的形状一定是自相似的，因为它必须随着身体的生长无缝扩张，同时它的形状或结构不能有太大的改变。我们的血管系统之所以具有自相似性，还有一个原因是，只有这样，我们体内的动脉和静脉才能近乎无限地延展。平均而言，一位成年人身体组织中埋藏的血管总长度超过150000千米——同时有能力供应你体内那些小得肉眼看不见的细胞簇。所以，在显微镜下，我们可以看到，血管拥有近乎无限的分叉和支路——因为它们需要给体内的每一个细胞供血。

从这个角度来看，血管长成分形图案就很顺理成章了。可是闪电呢？闪电的形状肯定不是人为设计出来的，对吧？事实上，这个问题的答案并不重要，只要想想闪电的本质，你就会理解它为什么是分形图案。乌云中的水滴旋转纷飞、互相摩擦，由此产生的电荷不断累积，就像你用脚在地毯上摩擦生电一样。一旦积聚的电荷超过云朵的承载能力，它们就会像火山中的岩浆一样向外喷发，沿着它们能找到的最快捷的路径奔向地面，然后消散。

但在奔向地面的过程中，闪电会遭遇许多特殊的小空气分子团，它们携带的负电荷恰好比周围的其他空气分子多一点，足以吸引电流。这会让闪电"拐弯"，损失部分能量，变得越来越细。有时候会有两个以上的空气分子团对闪电产生同样的吸引力，这时候闪电就会分叉，同时变细。因为大的闪电和小的闪电遵循同样的物理定律，所以在分叉的过程中，母代和子代的闪电会产生同样的几何图形，由此带来确凿无误的自相似性。闪电的存在是为了分配海量的电能，正如你体内血管的存在是为了分配维持生命的血液。所以为了完成使命，它必然采用不断分叉的分形结构，正如你的身体为了活命，也采用了同样的结构。

第 5 章

无限增多的存款？

外面还很黑，幸福的静谧在屋子里弥漫。我的孩子们都还在床上，至少是目前，所以我蹑手蹑脚地走下楼梯，小心翼翼地灌了一壶水，按下开关。随着水温升高，我能听见水壶里气泡翻涌的声音。

开关跳了，我一秒钟都没浪费。水壶离开底座，我立即把滚烫的水倒进已经放好了茶包和糖的杯子里。为什么这么急？

壶里的沸水和温度高于周围环境的所有物体一样，冷却的速度和它自身的温度成正比。越烫的水降温速度越快。我从停止加热的那一刻起用温度计测量水温，得到的结果是这样的：在最初的60秒里，它的降温幅度高达35摄氏度。相比之下，如果先将这壶水静置10分钟，那么在接下来的60秒里，它的温度只会降低3摄氏度。这是怎么回事？

事实上，重要的不是物体的温度，而是它和环境之间的温差。温差越大，温度改变的速度就越快，反之亦然。结冰物体融化的速度也遵循同样的法则。就温度而言，宇宙中的所有物体都面临着最残酷的同侪压力：**任何物体都希望和周围的物体保持同样的温度。**

所以越烫的水凉得就越快。但我的茶杯并不是宇宙中唯一遵循这条法则的物体。在没有外界限制的情况下，生物的繁殖也会表现出同样的特性。举个例子，假如有一个病毒刚刚找到了一个毫无防备的可怜宿主。最初的几个小时里，在免疫系统注意到它的存在并发起反击之前，病毒会劫持宿主的部分细胞，开始复制自己。只要这些细胞开始爆发，一切都会乱套，数以百万级的入侵者涌入血液，这时候遭到攻击的细胞比第一批多得多。每个被攻击的新细胞都会成为一台新的征服引擎，病毒增长的速度越来越快。换句话说，细胞感染的规模越大，它蔓延的速度就会越快。（显然，这样的增长有上限——或者至少你是这样希望的！）这种特性被称为"指数式增长"（exponential growth，而我的那杯茶演示了指数式下降）。

或者我们以定期存款为例。我记得上小学的时候，本地银行用免费的贴纸和其他不值钱的小玩意儿吸引我们去开户。但我只有几块钱可以存。我还记得第一次收到银行对账单时，我激动地发现我在第一个月里大赚了3分钱的利息。虽然存款初期的回报微不足道，但指数式增长的规则意味着存款的数额越大，它增长的速度就越快。存得多，赚得多。

大部分人早就知道这一点，毕竟我们的整个经济以此为基础。但指数式增长蕴藏着一个黑暗的秘密。你看，虽然指数式增长看似能带来无限的财务回报，但事实上，它是有上限的。请容我解释。

假设你有一块钱可以存，而且你幸运地找到了一家年息高达100%的银行。"他们肯定是可怜我只有这点儿存款。"你这样说服自己。坐在银行经理的办公室里，你开始一边算一边大声报数。"100%的年息将带给我1块钱的利息，于是到年底的时候，我就有2块钱了。"你算道。

复利计算期	一年有几个这样的计算期？
1年	1个
每次你得到多少利息？	年末你的账户里有多少钱？
100%	2元

经理向你露出微笑。"还有更棒的呢,"她说,"如果你的复利计算期是一整年,那你在年底能拿到2块钱。但我们会让你自己选择复利计算期!"

这有什么区别?然后你突然意识到:哪怕起始投资额和利率都不变,选择更短的复利计算期也能让你的存款增长得更快。这是怎么做到的?嗯,更短的复利计算期意味着你每次拿到的利息更少,但计息的频率更高。最关键的是,每次计息的本金是不断增长的,所以每个周期的利息也越来越多。如果复利计算期是6个月而不是一整年,计算结果如下:

复利计算期	一年有几个这样的计算期?
6个月	2个
每次你得到多少利息?	年末你的账户里有多少钱?
50%	2.25元

不错的回报!既然一年计息两次就能多拿这么多钱,那要是继续增加计息频率又会怎样?比如说,每个月都计息。

复利计算期	一年有几个这样的计算期?
1个月	12个
每次你得到多少利息?	年末你的账户里有多少钱?
8.33%	2.613035…元 (约等于2.61元)

比起上一个结果,还是有所增长;但现在你尝到了甜头,你想要更多。为什么不每天都计息呢?

复利计算期	一年有几个这样的计算期?
1天	365个
每次你得到多少利息?	年末你的账户里有多少钱?
0.27%	2.714567…元 (约等于2.71元)

值得指出的是，这里发生的事情相当反直觉。对新手来说，我们讨论的利率低得可笑。0.27%这个数似乎小得不值一提。比如说，我的身高是178厘米，那么我身高的0.27%还不到0.5厘米。如果并排站着的两个人身高相差只有0.5厘米，那么就算你直接说他们一样高，我也不会感到惊讶。所以0.27%看起来微不足道。但是，这正是让复利如此强大的核心数学原理之一———旦重复了这么多次（一年365次），哪怕这么微小的变化也能带来可观的结果。

另一件反直觉的事情是，哪怕不断缩短复利计算期，我们得到的回报似乎也没有预想的那么多。复利计算期从一年一次变成两次的时候，计息频率翻了一倍，我们多拿了25分钱的利息。但计息周期从每月一次变成每天一次的时候，计息频率翻了30倍以上，利息却只多了10分钱。

如果你觉得这已经够糟糕了——不妨看看继续提高计息频率还会发生什么。

复利计算期	一年有几个这样的计算期?
1分钟	525600个
每次你得到多少利息?	年末你的账户里有多少钱?
0.00019%	2.718279…元 (约等于2.72元)

如果你厚颜无耻地把计息周期从一个月或者一天缩短到一分钟，那么你的计息频率一下子翻了1440倍，但你多拿的利息还不到1分钱。（你之所以还能多拿1分钱，完全是因为我们四舍五入到了小数点后第二位。）

我们在这里遭遇的事情类似收益递减法则。你可以不断提高计息频率，但你因此多拿的利息会变得越来越少。既然我们已经讲到了这里，不妨再往前一步：

复利计算期	一年有几个这样的计算期？
1秒	31536000个
每次你得到多少利息？	年末你的账户里有多少钱？
0.0000032%	2.71828178…元 （约等于2.72元）

右下那个格子里填的正是我最感兴趣的一个数字。请容我总结一下刚才讲的银行账户的例子：

复利计算期	年末你的账户里有多少钱?
1年	2元
6个月	2.25元
1个月	2.613035…元
1天	2.714567…元
1分钟	2.718279…元
1秒	2.71828178…元

看看最后的账户余额。你看出来了吗?这个值从2开始,不断接近某个确定的值,而不是无限增长下去。数学家将这个概念命名为"极限",因为你能看到,账户余额的进一步增长仿佛被一条界线挡住了。

你在这个例子里看到的界线值(2.7182818…)适用于所有的指数式增长(例如我们的银行账户)和指数式下降(例如我正在冷却的茶杯)。这个数如此重要,它甚至有个专门的名字:"e"。你可以认为这个字母代表"指数式"(exponential),也可以将它看作这个数的另一个名字的缩写:"欧拉数"(Euler's number,来自瑞士数学家莱昂哈德·欧拉)。

对我来说,它代表着一个宇宙的谜团。

这个数和它更著名的表亲圆周率(π)一样,似乎被烙入了宇宙的法则。正如所有生命的蓝本都由四种有机分子——鸟嘌呤、腺嘌呤、胸腺嘧啶和胞嘧啶,组成的DNA写就,宇宙中所有的指数式增长和下降也拥有同样的DNA,只是这些DNA都由数字e组成。

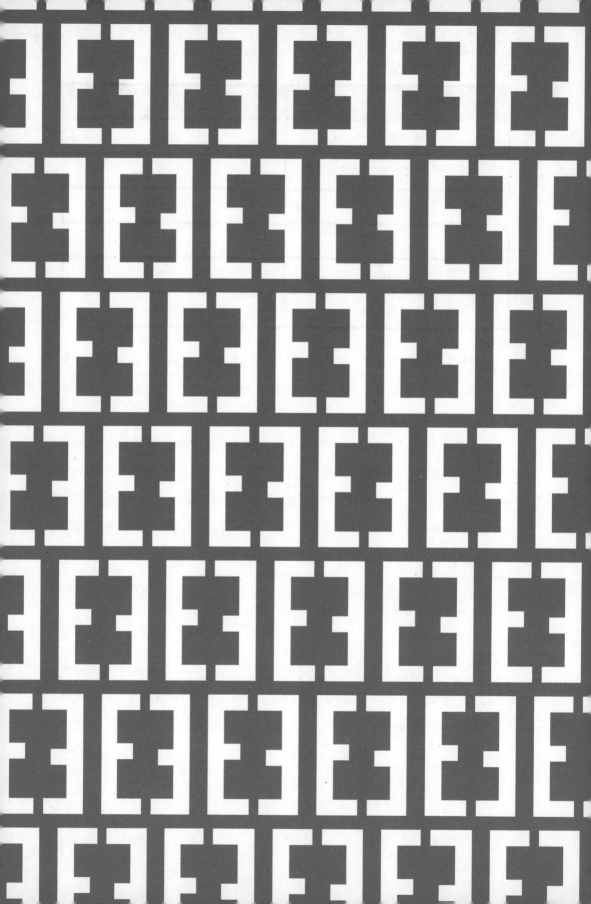

第6章

魔法数字 e

e 的确是个被低估的数字。几乎人人都听说过 π（3.14159265…），它甚至有个专门的节日（圆周率日被定在3月14日）。全世界专门为 π 创作的艺术作品更是不胜枚举。

完全可以说，π 受尽了万千宠爱。

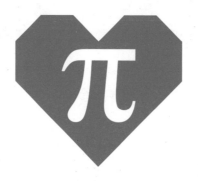

不过，所有真正精彩的数字都有一个共同点：它们往往出现在最意想不到的地方。e 在这方面的表现可圈可点。我想让大家看看，e 出现在日常生活中哪个最出乎意料的地方。为了帮帮自己，我需要借助全世界最受欢迎的食物：**巧克力！**

生命就像一盒这玩意儿！

巧克力的制作和售卖形式多种多样，但我希望你拍下一盒巧克力的照片，就是每颗巧克力都单独摆在托盘里的那种。想象一下，你打开盒子，一边尽情地享受巧克力的芬芳，一边盘算先吃哪颗。

你正打算挑一颗，然后突然想起来，甜蜜地大快朵颐之前，你或许应该先跟爱人分享一下。于是你单手托起打开的盒子，悲剧就这样发生了——你脚下一滑，整盒巧克力都撒到了地板上。

有人看见吗？你扫了一圈，周围空无一人。太好了！你只需要把所有巧克力捡起来放回盒子里就好。你不记得每颗巧克力的原始位置，所以你胡乱把它们放回了托盘里，让它们看起来像是没动过一样。

现在问题来了。你知道，所有巧克力几乎不可能都在原来的位置上——否则你的运气也未免太好了。很可能大部分巧克力都放错了地方。但每颗巧克力的位置都不对的概率又有多大呢？所有巧克力都不在自己的初始位置上，这个概率是多少？

该如何回答这个问题，你可能根本无从下手。在这里，我们可以介绍一个数学家最爱的解题技巧：先把问题简化，看看能不能归纳出某种有助于解决原始难题的规律或结构。

简化问题最便捷的方法往往是缩小它的尺度。所以我们不妨从最小尺度开始：如果盒子里只有一颗巧克力，那会怎样？

我们可以给每颗巧克力起个名字，这样更便于追踪它的位置。左图是这颗巧克力的原始位置，右图则是它被打翻以后又放回去可能的新位置。

假设盒子里只有一颗巧克力，我们对问题的简化可能有点过分了！由此产生的结果十分无趣。事实上，由于放置巧克力的位置只有一个，所以它别无选择，只能回到初始位置。这意味着如果我们只有一颗巧克力，那它放错地方的概率是0。

下面我们稍微提升一点难度。如果有两颗巧克力呢？

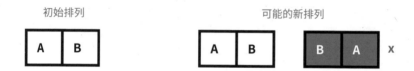

如右图所示，现在我们至少有一点选择了。选项之一肯定是所有巧克力回归初始位置，但在这道题里，除此以外，唯一的选项是两颗巧克力交换位置。这正是我们想要的——每颗巧克力（整整两颗！）都在"错误"的位置上，和自己的初始位置完全不同。可能的排列共有两种，其中有一种满足我们的要求，所以每颗巧克力都放错位置的概率是50%。

让我们再来！三颗巧克力的情况如下：

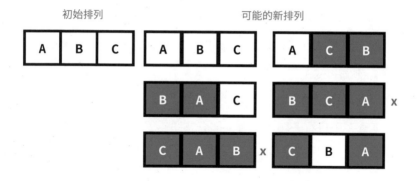

现在事情开始变得真正有趣了。你可以看到，我标出了每颗放错位置的巧克力。某些情况下，例如BAC，有两颗巧克力放错了地方（B和A），但还有一颗巧克力（C）回到了初始位置。通过仔细检查，我们发现，在六种可能的排列中，有两种符合我们的要求。2/6约等于33%。

现在我们再次加大难度。四颗巧克力又会怎样？

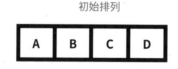

可能的新排列

A	B	C	D		C	A	B	D	
A	B	D	C		C	A	D	B	x
A	C	B	D		C	B	A	D	
A	C	D	B		C	B	D	A	
A	D	B	C		C	D	A	B	x
A	D	C	B		C	D	B	A	x
B	A	C	D		D	A	B	C	x
B	A	D	C	x	D	A	C	B	
B	C	A	D		D	B	A	C	
B	C	D	A	x	D	B	C	A	
B	D	A	C	x	D	C	A	B	x
B	D	C	A		D	C	B	A	x

现在问题真的有点复杂了。捡回盒子里的巧克力有24种可能的排列方式。我数了一遍，其中所有四颗巧克力都不在初始位置上的排列正好有9种。9/24的概率是37.5%。

接下来呢？如果再加一颗巧克力，我就不画所有排列了——五颗巧克力可能的排列有120种！但要是继续推演下去，我们得到的数字是这样的：

巧克力的数量	可能的新排列数量	所有巧克力都放错位置的排列数量	所有巧克力位置"全错"的概率
4	24	9	37.5%
5	120	44	36.66666…%
6	720	265	36.80555…%
7	5040	1854	36.78571…%
8	40320	14833	36.78819…%
9	362880	133496	36.78791…%
10	3628800	1334961	36.78794…%

"好吧……那又怎样？你说要给我看和e相关的东西——我没看出来e在哪儿。"

没错，还差一步。如果你有计算器（手机上的就行），你可以亲自核实。首先，你得知道，数字e的值如下：

$$e = 2.718281828459045\cdots$$

如果你在计算器里输入"100÷e"，你会发现结果如下：

$$100 \div e = 36.7879441171\cdots$$

现在再看看上一页的表格，这个数字看起来眼熟吗？

我们在指数式增长中认识的这个数为什么会出现在巧克力位置全错概率的问题里？从数学的角度来说，这二者之间的关系其实有些紧密，但要在这本书里讨论就显得太冗长了。不过我想强调的是，数学能在看似毫不相关的事物之间建立联系。数学让我们得以洞见更深层的现实，发现事物真正的共同点，就像化学让我们认识到，钻石（嵌在订婚戒指上的那种）和石墨（铅笔的成分之一）都是由碳组成的。

第7章

向日葵与黄金比例

花样游泳有一种独特的魔力。上高中的时候，我加入了学校的水球队，正是这段经历让我亲身体会到，光是让自己的脑袋静静地停留在水面上就有多难。花样泳者所做的比这还要难得多：他们需要表演复杂的动作，其中很多动作必须在水下屏气才能完成。这已经够难了，但真正迷人的是，他们必须跟搭档配合，在最完美的时机完成这些动作。有时候你会看到十位泳者同时潜入水下旋转游动，仿佛指挥他们的是同一个大脑。

一组花样泳者需要经过好几个月艰苦的练习才能获得这样的成就。要编排执行成套的动作，需要的不仅仅是投入和纪律——想创造出全队泳者都能完成的一套真正漂亮的动作，你还需要深层的思考和艺术细胞。

所以当我发现，世界上有数以十亿计的事物每天都在创造美丽程度足以媲美，甚至超越花样游泳的规律，我才会如此震惊。你一生中可能无数次与这些造物擦肩而过，但你甚至没有注意到它们令人目眩的结构。它们整齐划

人类的对称 →

一的"动作"足以让最伟大的奥林匹克花样游泳队心生嫉妒，而且它们根本没练过。事实上，它们甚至完全不必交流就能高度同步。这些不费吹灰之力就能彼此同步的高手究竟是谁？我说的其实是向日葵。

"什么？向日葵又没有手和脚，而且我很怀疑，如果你把它们扔进游泳池，它们能有什么作为？！它们拿什么跟花样泳者比？"我听到你这样问。现在，看到我的答案，希望你不要过于诧异：把向日葵和花样泳者联系在一起的正是数学。

仔细看看向日葵中央那些小花组成的图案。你注意过吗？你有没有发现向日葵花心令人惊叹的完美对称？每朵向日葵终其一生都精确地维持着这样的规律——和它的兄弟姊妹们一样，完全无须交谈。它们是怎么做到的？还有同样重要的，这是为什么呢？

要理解这一现象背后的机制，我们得先学一点基础的园艺学。人类搭建

自然的对称 →

东西的时候一般采用线性的方式。比如说，想想砖墙是怎么砌的。我们从最底层开始，从左至右搭建，一直砌到墙顶。反过来说，和这颗星球上的其他所有活物一样，向日葵的生长却是有机的——也就是说，它们从中间向外慢慢长大。

这个事实至关重要，因为它是我们理解向日葵生长逻辑的起点。请和我一起想象一朵长得特别慢的向日葵：它一次只长一片小花。这朵向日葵看起来会是什么样的？

小花从向日葵中央生长出来，然后被新生成的小花不断往外推挤，所以最靠边的小花长得最大（因为它们生长的时间更长）。小花的排列规律取决于花朵中央新长出来的小花把前辈推向何方。

向日葵精确呈现出完美的规律。

举个例子，假设每片新的小花长出来的时候整朵花都会旋转25%，也就是每次转1/4圈，那么我们得到的图案如下一页所示：

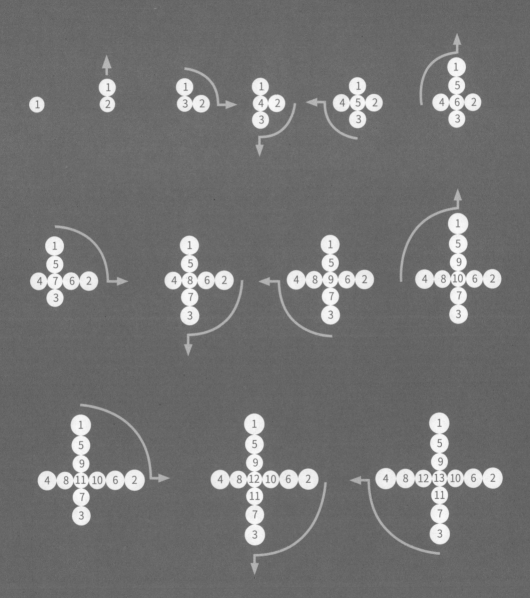

　　顺便说一句，请注意小花生长的方式。为了帮助你追踪每片小花的去向，我给它们都编了号。最老的小花（它们的编号更小，因为它们出现得最早）最大，离花心也最远。这是因为它们生长的时间最长（所以最大），被推挤的次数也就最多（所以最远）。

　　这样的图案很美，但很浪费空间——看看那些本来可以容纳小花的空隙。我们不如把整朵花每次旋转的角度改成20%再看看。

现在好点了，但还是很浪费。我们还能怎么改进设计？呃，不如更进一步，试一试34%旋转吧！

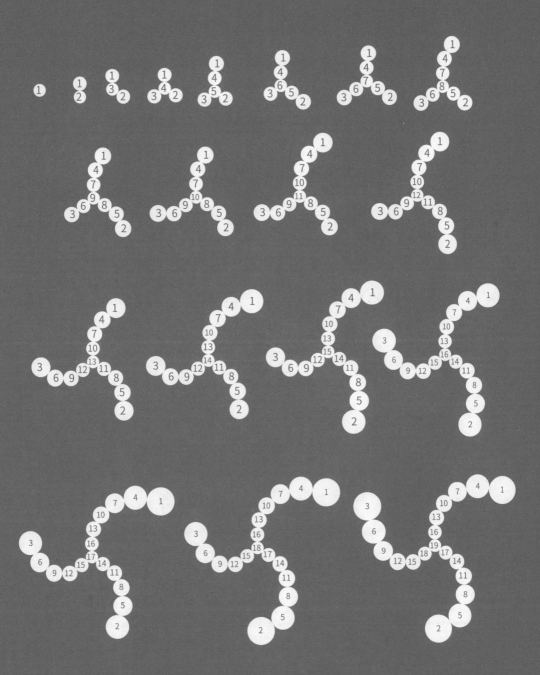

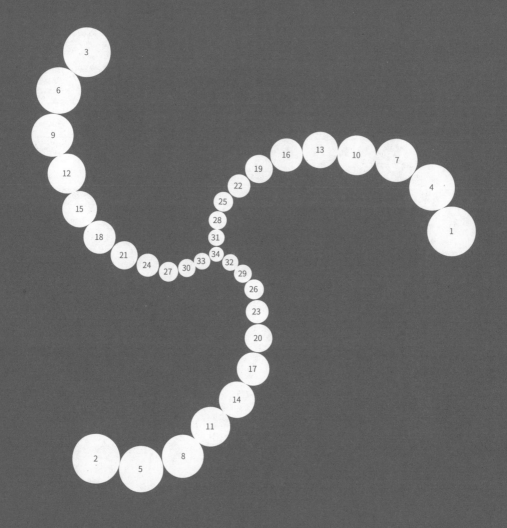

　　前面两幅图里的小花都排成直线，但这两幅图里的小花却形成了曲线。因为每片小花生长的角度都比前一片旋转了 1/3 圈有余，这意味着每片新的小花生长的方向都会偏移一点点。所以它们排成的"行列"是弯的而不是直的。

　　我们可以采纳这个旋转的理念，然后更大胆一些，再试一下。

17% 旋转

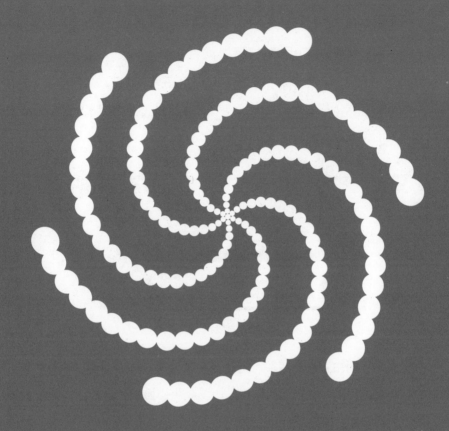

　　这样的图案来自17%的旋转角度。由于它旋转的频率是34%的两倍，所以图中"臂"的数量也是前者的两倍。这对我们的原始设计是个极大的改进，因为它在同样的空间里容纳的小花数量比原来多得多——对资源匮乏的行星来说，这是个好消息，授粉的蜜蜂也更容易看到这样的花朵。要让一朵花容纳尽可能多的小花，我们能找出最理想的旋转角度吗？

　　答案是肯定的。的确存在一个理想的角度。它也是所有数学领域最璀璨的宝石之一。现在，我将向你们介绍整个宇宙里最精彩的数字之一。它常常以不起眼的面目出现：希腊字母 φ。谢天谢地，虽然这个字母看起来很像它大名鼎鼎的表亲 π，但它们的发音却很不一样。不过，它还有一个响亮得多的名字：

黄金比例（Golden Ratio）。

和其他很多重要的数学概念一样，痴迷于几何的希腊人对黄金比例也进行了深入的研究。要理解黄金比例，我们不妨先思考一个关于一根线的小问题。

在两个定点之间画一条绷紧的线，并在定点两头截断，几何学家（专门研究几何的数学家）称之为"线段"。现在，我们把这条线延长一点，由此得到一条更长的新线段。

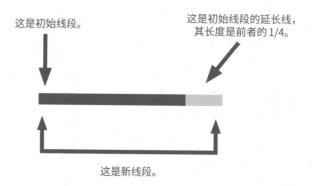

希腊人想弄明白：初始线段、延长线和新线段之间有何关系？它们之间的长度比例是怎样的？在上面的示意图中，初始线段的长度是延长线的4倍，而新线段的长度是初始线段的1.25倍。

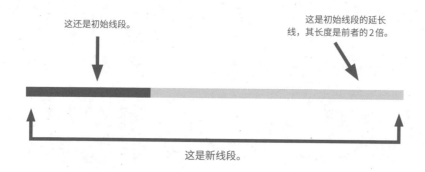

这次的初始线段长度只有延长线的一半，而新线段的长度是初始线段的3倍。

希腊人想知道：要使初始线段与新线段的长度之比等于延长线与初始线段的长度之比，那么延长线应该有多长？下面我画了一幅示意图：

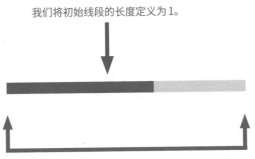

我们将初始线段的长度定义为1。

设新线段的长度为φ（希腊字母"phi"），那么延长线长度等于φ-1（即新线段与初始线段的长度之差，前者长度为φ，后者长度为1）。

φ的值等于（1 + √5）/ 2，或者说约等于1.6180339887。小数点后的数字将无限延长下去，而且不会循环，所以哪怕我们已经写到了小数点后10位（在大部分情况下，这样的精确度都远远超过了合理范围），这仍是个近似值。

这个简单的数字孕育出了希腊人眼中绝对完美的诸多形状。比如说，如果你画一个边长之比等于黄金比例的矩形，那么你会得到一个黄金矩形：

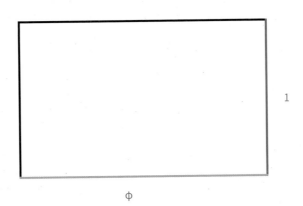

1

φ

从审美的角度来说，黄金矩形通常被视为比例完美的图形。这方面的例子实在太多，此时此刻，你身边多半就有好几个黄金矩形。如果你有一张银行卡或驾照，不妨把它取出来放到桌上。如果你能找到一把尺子，请量一量这张卡片的边长，然后用计算器（手机上的就行）算一下长边和短边之比。虽然卡片的大小不尽相同，但它们的长短边之比应该差不多都是1.618。

黄金矩形最规整的特性之一是，它展示了φ能怎样无限地自我繁衍。要让你明白我在说什么，不妨想象一下，假如我用一条线把黄金矩形分割成一个正方形和另一个更小的新矩形，那会怎样？

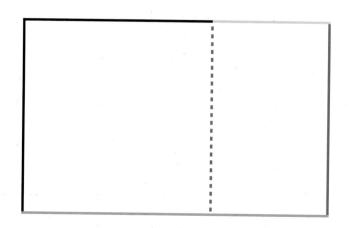

仔细看看右边我们刚刚创造出来的新矩形。眼熟吗？这又是一个黄金矩形！事实上，这个过程可以无限重复，我们可以不断地在一个黄金矩形里画出另一个黄金矩形。这样循环下去，最终你将创造出我们在"穿过血管的闪电"那章中认识到的东西——分形图案！

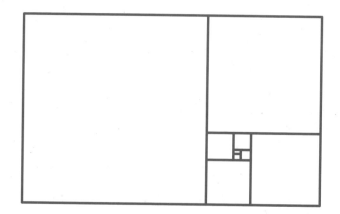

如果在每个正方形里画一条内切圆弧，你将得到一个更惊人的图形：

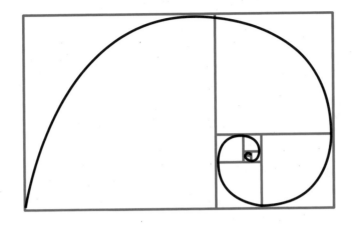

事实上，你可能会发现，这个图形同样来自大自然！

黄金比例广泛地存在于自然界和人造物品中。但目前为止，我最爱的黄金比例图形仍是我们在本章开头看到的向日葵。

为了帮助我们看清向日葵和黄金比例之间的关系，不妨先了解一下百分数（例如我们在前面提到过的旋转角度，25%和17%）、分数（例如1/2和1/4）和小数（例如0.83和3.14）之间的关系。分数、小数和百分数只是数字不同的表现方式，和我们一样，数字也会根据自己要参加的活动选择不同的装扮。要比较两个数量？你的数字大概应该装扮成百分数。想分配物品？这次最合适的多半是分数。要测量某个物理量（例如重量或长度）？小数是最自然的选择。

"百分数"（per cent）这个词在拉丁语里的意思是"一百份中的几份"。时至今日，英语里仍在使用"cent"这个前缀来代表一百。比如说，一百年是一个世纪（century），一百周年又叫世纪庆典（centenary）。代表百分数的符号"%"也来自"一百份中的几份"的理念：

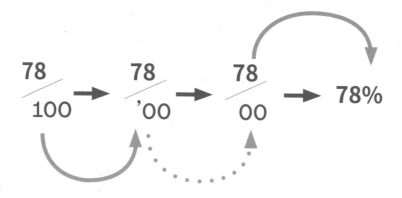

$$\frac{78}{100} \rightarrow \frac{78}{,00} \rightarrow \frac{78}{00} \rightarrow 78\%$$

这意味着78%等同于78/100，它也可以写作0.78。同样地，100%可以写作100/100，它等于1。任何数字与自身相除都等于1——除了0以外，因为0不能做除数（如果你想知道0为什么不能做除数，请往后翻到第24章）。事实上，我们可以把任何一个小数写成百分数——甚至包括大于1的数。约等于1.618的黄金比例就是个完美的例子：它可以写作161.8%。

如果选择黄金比例作为旋转角度，用161.8%作为每次旋转的圈数，而不是25%、20%或者34%，我们看到的形状会是这样的：

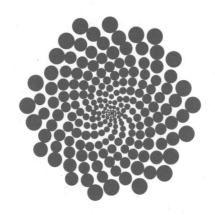

第一次看到这个图形的时候，我的脑子被震碎成了无数的小块。谁能想到，微不足道的向日葵竟然也知道这个遍布宇宙的精彩数学常数呢？这还不算完，假如你想从更深的层次上欣赏这个图形，请看对页这幅示意图，它更清晰地演示了每条独立的旋臂如何组合在一起，呈现出令人惊叹的图形：

　　小花组成的旋臂以惊人的精度组合在一起。有人说，任何事物只要研究得够深，最终你总会看到数学。就这一点而言，我觉得不起眼的向日葵或许正是自然界最显著的证据。

小提示：这并不意味着向日葵是一种有能力解开数学方程并得到正确答案的智慧生物——只是那些没有采用黄金比例的向日葵每朵花结出的种子更少，所以它们会被自然选择淘汰。但大自然的算法和人类的聪明才智殊途同归，最终得出了同样的数学真理，这二者也同样美妙！

第 8 章

黄 金 数 列 在 哪 里 ?

在"向日葵与黄金比例"那一章中，我们认识了**黄金比例**，它的值约等于1.618。这个惊人的数字拥有的力量甚至更加惊人：它是美的基础，它可以在几何上无限自我繁衍，它还能以最优雅的姿态解决演化问题，足以让最敏锐的结构工程师艳羡。黄金比例催生了一系列副产品，其中每一个都有自己的生命力：黄金矩形和黄金螺线只是我们简单介绍过的两种。

其中一个广为人知的事实是，黄金比例与著名的**斐波那契数列**（Fibonacci sequence）关系匪浅。这个数列看起来是这样的：

$$0, 1, 1, 2, 3, 5, 8, 13, 21, 34, 55, 89,$$
$$144, 233, 377, 610, 987, 1597, \cdots$$

如果你从没见过这个数列，你能看出它的规律吗？

继续往下读之前，请花一两分钟时间思考一下！

斐波那契数列从数字0和1开始。接下来的每一个数都等于前两个数之和。所以$0 + 1 = 1$，$1 + 1 = 2$，$1 + 2 = 3$，$2 + 3 = 5$，以此类推。

斐波那契数列带来了许多了不起的规律。它是那种需要你格外关注的东西，因为只要稍加挖掘，你就会从中发现无数宝藏。比如说，取数列中每个数的平方（也就是用每个数自己乘以自己），你将得到：

$$0, 1, 1, 4, 9, 25, 64, 169, 441, 1156, \cdots$$

没什么特别的？现在将这些数依次两两相加，我们将得到：

$$1, 2, 5, 13, 34, 89, 233, 610, 1597, \cdots$$

看起来很眼熟吧！事实上，这个数列来自斐波那契数列的偶数位。要是把斐波那契数列的平方数挨个加起来，而不是两两相加，你还会得到更奇怪的结果。这件事用语言来描述有点复杂，所以请让我写几个等式，看看你能否从下面这几个等式的和里归纳出某种规律：

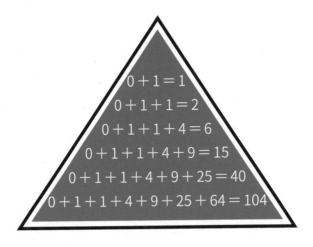

1，2，6，15，40，104，…好吧，我承认，乍看之下，这个数列似乎没什么规律，但如果我把这几个和放到一组乘式（用斐波那契数列里相邻的数两两相乘）旁边，规律不言自明：

和	乘
0 + 1 = 1	1 x 1 = 1
0 + 1 + 1 = 2	1 x 2 = 2
0 + 1 + 1 + 4 = 6	2 x 3 = 6
0 + 1 + 1 + 4 + 9 = 15	3 x 5 = 15
0 + 1 + 1 + 4 + 9 + 25 = 40	5 x 8 = 40
0 + 1 + 1 + 4 + 9 + 25 + 64 = 104	8 x 13 = 104

有点诡异，是吧？当然，真正的问题在于，为什么会这样呢？斐波那契数列的平方数之和为什么会等于相邻数两两相乘？

要解开谜团，弄清这个现象背后的原因，我们需要探索这些数字真正代表了什么。多注意一下我们在上面的讨论中使用的语言，你会看出些许端倪。谈到一个数的"平方"，我们常常会忘记，这是一个几何概念：25 是 5 的平方数，这是因为边长为 5 的正方形面积是 25。所以，当我们将斐波那契数列的平方数相加，真正做加法的实际上是一个又一个逐渐增大的正方形的面积。请让我把它画出来。

第一个和没什么可说的——下面是 0 + 1 的示意图：

接下来是 0 + 1 + 1，也没什么特别：

下面两个数开始变得有趣起来，0 + 1 + 1 + 4 和 0 + 1 + 1 + 4 + 9。

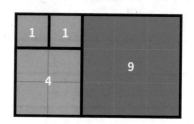

请注意，我们在每一步中加上去的新的正方形（标为深红色）总是完美契合上一个图形。这不是巧合——我想知道你能不能自己想明白。如果我再往下画几步，你会不会看得更清楚一点？

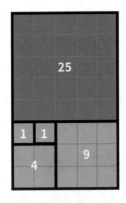
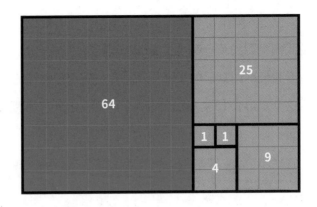

　　还记得我们讨论的这几个和的数字吗？1，2，6，15，40和104？现在我们看到了它们分别代表的四边形。这些图形不是随机的多边形，事实上，它们都是完美矩形。这是因为，正如我们此前提到的，每个新的正方形都能完美契合上一个图形。

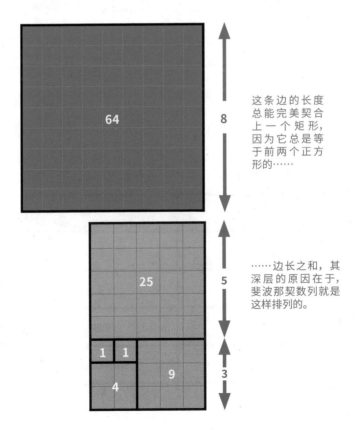

这条边的长度总能完美契合上一个矩形，因为它总是等于前两个正方形的……

……边长之和，其深层的原因在于，斐波那契数列就是这样排列的。

但是，如果每个新图形都是矩形，而不仅仅是几个正方形之和，这意味着我们可以用另一种方式计算它的总面积。矩形的面积等于它的长乘以宽。看看我们画的矩形的长度和宽度：它们都是连续的斐波那契数！比如说，最后这个矩形长13个单位，宽8个单位。所以它的面积不仅等于 0 + 1 + 1 + 4 + 9 + 25 + 64，也等于 8 × 13。

顺便说一句，如果你觉得我刚才的解释似曾相识，那可能是因为上面的示意图看起来很眼熟。我们在上一章中介绍黄金比例的时候见过这几个图形——每张图看起来都越来越像黄金矩形。区别在于，上次我们从外向内分割这些矩形，而这次我们从内而外把它们堆砌出来。这正是数学的特质之一——无论你从哪里入手，同样的规律总会反复出现。

好吧，果然很巧妙。但我们之所以讲这么多，是为了证明斐波那契数列与黄金比例之间存在某种神秘的联系，对吧？呃，下面我们不再做平方运算，而是以另一种非常规的方式处理这些数字。这次我们要用数列中的每一个数除以它的前一个数，看看会发生什么（除了0以外，因为用0做除数会带来许多逻辑上的问题）。

除式	结果
1÷1	1
2÷1	2
3÷2	1.5
5÷3	1.66666666…

8÷5	1.6
13÷8	1.625
21÷13	1.61538461…
34÷21	1.61904761…
55÷34	1.61764705…
89÷55	1.61818181…
144÷89	1.61797752…
233÷144	1.61805555…
377÷233	1.61802575…

好吧，这真的很诡异！神出鬼没的黄金比例再次现身。这么简单的规则——把数字依次相加，为何会衍生出这么基础的几何数？我们是不是应该把斐波那契数列重新命名为"黄金数列"？

呃……别激动。因为你很快就会发现，斐波那契数列其实也没那么神奇。

你已经看到了斐波那契数，现在我想向你介绍：

吴数

吴数从 19 和 9 开始，因为我的生日是 9 月 19 日。接下来的数字和斐波那契数列的计算规则完全相同：前两个数字相加得到下一个数。所以这个数列应该是这样的：19，9，28，37，65，102，167，269，436，705，1141，1846，2987，4833，…

好像也没什么大不了的，对吧？这个数列里的数字看起来都很普通，没什么特别的。不过，为了求保险，我们不妨用吴数两两相除，就像刚才用斐波那契数做的运算一样，这完全是为了确认它们的确平平无奇。

除式	结果
9÷19	0.47368421…
28÷9	3.11111111…
37÷28	1.32142857…
65÷37	1.75675675…
102÷65	1.56923076…
167÷102	1.63725490…
269÷167	1.61077844…
436÷269	1.62081784…
705÷436	1.61697247…
1141÷705	1.61843971…
1846÷1141	1.61787905…
2987÷1846	1.61809317…
4833÷2987	1.61801138…

只要调出手机上的计算器，你也可以自己创造一个数列。试试你的生日，或者随便找几个数，不管它们多大或者多小。根据这一规则构建的数列，其邻数相除的结果最终总会接近黄金比例！所以到头来，斐波那契数看起来似乎也没那么特别了。也许并不存在什么比其他数更"黄金"的数列。

　　直到你认识了神奇的卢卡斯数（Lucas numbers）。爱德华·卢卡斯是19世纪的一位法国数学家，他对"娱乐数学"（侧重于趣味而非实用）特别感兴趣。我最喜欢的数学游戏"围地盘"（Boxes）就是他发明的，你可能也玩过：在一页纸上画许多小点，然后和朋友轮流用线把这些点连起来，最后看谁占领的格子最多。如果某位玩家画出了某个格子的第四条边，他就会在格子里写下自己名字的首字母，再画一条新的线。

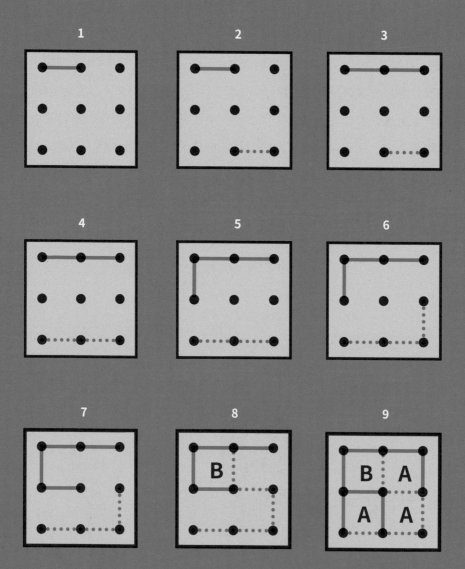

卢卡斯在探索娱乐数学的过程中花费了大量时间研究斐波那契数列，最后他意识到，这些数的特性其实没有很多人曾经以为的那么神奇。为了证明这一点，他发明了自己的数列：卢卡斯数。和斐波那契数、吴数一样，卢卡斯数也是从两个数开始，把数字依次相加，得出下一个数。这个数列是从1和3开始的，后面的数如下：

1，3，4，7，11，18，29，47，76，123，199，…

和前面的其他数列一样，这个数列乍看之下也没什么特别的。但要是你在本章中最后纵容我一次，让我用黄金比例（phi，或者说 φ）的幂构建一个数列，那么我们将得到一个新的数列：

$$1.618，2.618，4.236，6.854，$$
$$11.0902，17.9443，29.0344，…$$

现在把这两个数列并排列在一起比较一下（见下页）。

如果真有一个数列配得上"黄金数列"之名，那它只能是卢卡斯数。除了第一个数以外，这个数列中的每一个数都等于黄金比例的对应次数幂取整，而且越往后走，二者的数值就越接近。**真是太奇怪了！**

小提示：我在下面的表格中用了一个名叫"幂"（power）的数学速记符，它又叫"指数"（index）或"指数幂"（exponent）——这正是"指数式"（exponential）的词源。数学家总是希望尽可能高效地书写算式，所以他们常常发明一些新的符号和标记，以便于更快地把事情讲清楚。乘号最开始就是连加的速记符：3×5实际上代表着5＋5＋5。所以这个式子可以读作"5的3倍"（也就是"3个5相加"）。幂也出于同样的原理，只是更进一步：它是连乘的速记符。比如说，如果你看到一个写作"φ³"的式子，你可以将它读作"φ的3次幂"，也就是 φ×φ×φ。

卢卡斯数	ϕ^n（取小数点后四位）
1	$\phi^1 = 1.618$
3	$\phi^2 = 2.618$
4	$\phi^3 = 4.236$
7	$\phi^4 = 6.8541$
11	$\phi^5 = 11.0902$
18	$\phi^6 = 17.9443$
29	$\phi^7 = 29.0344$
47	$\phi^8 = 46.9787$
76	$\phi^9 = 76.0132$
123	$\phi^{10} = 122.9919$
199	$\phi^{11} = 199.0050$
322	$\phi^{12} = 321.9969$
521	$\phi^{13} = 521.0019$
843	$\phi^{14} = 842.9988$
1364	$\phi^{15} = 1364.0007$
2207	$\phi^{16} = 2206.9995$
3571	$\phi^{17} = 3571.0003$
5778	$\phi^{18} = 5777.9998$
9349	$\phi^{19} = 9349.0001$

第9章

你身体里有多少绳结？

我 深爱数学的理由之一是它解决问题的能力。

想接收来自深空的信号，你的卫星天线应该设计成什么形状？

明天的气温会在什么范围？

要从我家去市里，路上还要在两个地方停留，最快的路线怎么走？

如果你开了一家咖啡馆，要让利润最大化，同时让顾客愉快，一杯咖啡该定价多少？

要让桥梁有能力承载高峰期500辆汽车的重量，应该使用多少钢筋？

数学能帮助我们解决以上所有问题，以及其他很多问题。更确切地说，我们讨论的这类数学通常被称为

"应用数学"。

在这个领域里，我们运用数学知识和技巧解决现实世界中的实际问题。应用数学关乎实用，它负责撸起袖子干活。现代世界以应用数学为基础，我们生活中的方方面面都跟它脱不了关系，无论你是否意识到了这一点，它都为我们提供了解决问题的理念和方法。

事实上，有时候这些理念在不被人注意的情况下才能发挥最大的功效。影视流媒体公司网飞（Netflix）整合的电影推荐算法是这方面的明证。如果网飞的软件工程师出色地完成了工作，那么你根本不会注意到他们的产品背后的数学有多复杂，你只会开心地发现，出现在眼前的"推荐电影"都很合你的口味，于是，他们希望，你会花更多的时间看片。

但应用数学并不是数学领域唯一的分支。从这个角度来说，数学就像音乐。是的，音乐可以"实用"，广告歌能激发购买欲，国歌会唤醒国家自

豪感。但音乐家演奏音乐通常不是为了解决什么具体的问题；大部分人演奏音乐只是因为他们享受这个过程。在数学领域里，这部分内容叫作"纯数学"——它之所以纯粹，是因为它不被任何外部环境或实用的考虑所干扰（或者说污染？）。人们研究纯数学完全是为了追求数学本身，这是一种消遣。

纯数学是穿着睡衣和绒毛拖鞋的数学。

你也许很难想象，竟然有人会把数学作为消遣。但正如我们在这本书里一直说的，这很可能是因为你从未见识过数学的广阔。玩拼图的孩子，拧鲁比克魔方的姑娘，叠纸飞机的男孩，在回家的火车上玩数独的商务女性……他们的消遣活动都属于数学。

← 鲁比克魔方

纵观历史，许多数学家因自己对数学的追求与实用完全无关而深感自豪。他们认为，从某种角度来说，比起那些，怎么说呢，利用数学达到某些目的的人来，运用自己的聪明才智思考纯粹抽象的理念，这是一种更高的追求。英国数学家戈弗雷·哈代（Godfrey Hardy）的言论很好地阐明了这种态度，他在随笔《一个数学家的辩白》中骄傲地宣称："我已经做出或者可能做出的任何发现，无论好坏，都跟这个世界的福祉没有任何直接或间接的关系。"

吹嘘自己毕生的工作如何不切实际，如何"没用"，这看起来似乎有点奇怪，尤其是考虑到，人们在批评数学教育的时候经常抱怨，这门学科和现实生活似乎毫无关系。不过，哈代在同作品中的另一句话或许能说明，他为什么以此为傲："目前为止，还没有任何人发现数论在战争方面有任何用途……未来的很多年里应该也不会有这方面的进展。"

值得指出的是，虽然哈代的宣言十分真诚，但我们不难证明他的谬误。正如我们将在下一章（"牢不可破的锁"）中看到的，某些人连做梦都想不到会有实用价值的数学领域——例如对质数的研究，到头来却派上了大用场。事实上，数学家完全出于好奇而非实用的目的去探索的数学问题最终对现实世界和人类社会产生了深远影响，这样的例子在历史上比比皆是。

即便如此，哈代应该还是会喜欢纽结理论家。纽结理论（Knot theory）诞生于18世纪末，它出现的原因是……呃，其实没什么特别的原因。早期的纽结理论家并不打算解决任何问题或者解开什么宇宙之谜。他们只是觉得纽结很有趣，并试图用一种有逻辑的方式对它们进行描述和归类。归根结底，从史前时代开始，纽结就成了人类文化的一部分：它们不仅能连接物品，还能记录信息，甚至可以作为一种艺术表现形式。中国人和凯尔特人都有编制复杂纽结的传统，其历史可追溯到很久之前。有的纽结甚至成了宗教或精神象征，例如博罗梅安环（Borromean rings），全世界有多个文化先后独立地发现了它：

说到这里，值得一提的是，数学领域里的"结"可能和你想的不太一样。现在你脑子里想的很可能是系鞋带，没错，鞋带结之类的物品的确是纽结理论中某些概念的灵感来源和起点。但出于某些原因（很快你就会明白），纽结理论家感兴趣的是"闭环"（closed loop）。也就是说，不同于两头散开的鞋带，我们讨论的是将松散的接头永久性地连在一起会发生什么。出于这个原因，从某种意义上说，最基础的纽结根本不是一个结，而是一个圆环：

　　这玩意儿的学名叫作"平凡纽结"（unknot）。它永远不会和自己交叉、套叠，所以它看起来才会这么简单。不过请注意，有的纽结看起来可能比这复杂得多，但它本质上也是平凡纽结。比如说，看看这个结：

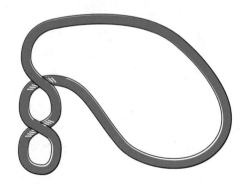

　　这个结的左下角似乎有两个交叉点，但要是你在脑子里把这两个小环解开，就能轻松把它还原成平凡纽结。在纽结理论中，这两幅图中的纽结是等价的。只要认识到这一点，你就会发现，就连下页这幅图里的"怪物"本质上也可能非常简单：

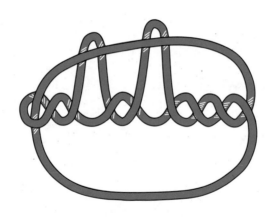

顺便说一句，正是出于这个原因，无论你把鞋带打成什么样的结，数学家都不会在意。鞋带的特征决定了你随时可以把它解开，再换个方式打结，只要你愿意。既然用鞋带打成的任何一种"纽结"都能被解开再打成另一种，那我们可以说，在纽结理论中，所有这些结其实都是同一种。

但你很快就会见到完全不同的另一种结。看看下面这幅图：

它名叫"三叶结"（trefoil）。这个名字来自三叶草，它的叶子和这个结长得很像。你可以拿一根清理管子的通条或者一根线，试着打一个这样的结，再把两个接头连起来。现在，无论你怎么努力尝试，都没法把它解开，也不能将它转换成平凡纽结，这完完全全是另一种东西。

我真心希望你亲自动手试试。你可以随心所欲地"改造"这个结，让它变得跟示意图不太一样，然后把你的结画到纸上。尝试几次以后，你可能会注意到，无论你怎么摆弄这个结的不同部位，它总会和自己交叉至少三次：

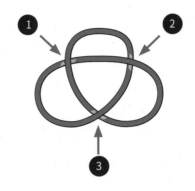

这是三叶结的"经典"样式，三个交叉点均已标亮。下面则是改造后的几个变种：

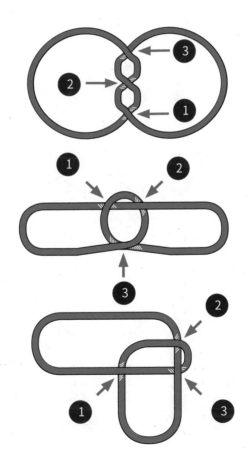

三个交叉点总是清晰可见。显然，我可以把这个结做局部扭转，增加交

叉点的数量，但无论怎么改造，它至少有三个交叉点。事实上，任何纽结拥有的交叉点数量正是它的本质特征。

　　*平凡纽结没有交叉点。
　　*奇怪的是，你不可能创造出只有一个或两个交叉点的纽结（这样的结总是可以解开，最终变成平凡纽结）。
　　*三叶结拥有3个交叉点。

　　拥有4个交叉点的纽结被称为"**8字结**"（figure eight knot），看看它的经典样式你就会明白它为什么叫这个名字：

　　随着交叉点数量的增加，纽结的类型会变得越来越难分辨。比如说，下面这两个结看起来很不一样：

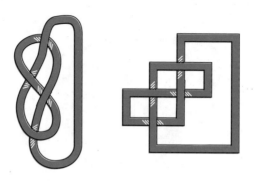

　　但仔细数数，你会发现，它们实际上都是8字结，因为它们都拥有4个交

叉点，而且完全可以改造成相同的样式。

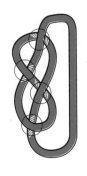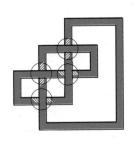

后面这半句话非常重要。如果你不能在不打开接头的情况下把两个结改造成相同的样式，那么这两个结本质上并不相同，哪怕它们拥有相同的交叉点数量。看看下图中的五叶结（cinquefoil，左）和双8字结（three-twist knot，右）：

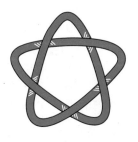

这两个结的交叉点数量都是5个，但你不可能把其中一个改造成另一个。所以，交叉点数量为0、3、4的纽结可以说都只有1种，但交叉点数量为5的纽结却有2种。6个交叉点的结有3种，7个交叉点的有7种，8个交叉点的有21种，9个交叉点的有49种，10个交叉点的结多达165种。

本章开篇我们讨论了应用数学，它的存在是为了解决现实世界中的问题，和纯数学——纯粹的理论研究——相区别。纽结理论看起来完全属于后者——除了数学家和靠打结的数量和难度挣徽章的童子军，谁会对这玩意儿感兴趣呢？

命运在这里打了个奇妙的结：事实上，纽结理论和这颗星球上的每个生命息息相关。你身体里的每一个细胞内都塞满了结，正是这些结让你成了你自己。我指的是脱氧核糖核酸，这种物质更广为人知的名字来自它的首字母缩写：DNA。

DNA携带的遗传信息控制着所有已知生命体（甚至包括某些非生命体，这取决于你如何定义病毒）的生长和运行。从本质上说，DNA是由有机分子以非常特殊的顺序组合起来形成的一套密码。正如字母的排列顺序定义了单词，分子的排列顺序也是定义DNA的本质特征。

人类是一种复杂的生物，所以我们的基因序列特别长，足以承载所有需要的信息。英语的字母表有26个字母，而DNA的"字母表"只有4个"字母"：这四种碱基分子分别叫作胞嘧啶、鸟嘌呤、腺嘌呤和胸腺嘧啶。构建一个你需要30亿对这样的分子，而且这30亿对分子存在于你体内的每一个细胞中。

这些名叫"碱基"的特殊分子都很小，但不管它们有多小，30亿的数量仍蔚为可观。如果你从自己体内的某个细胞中取出一条DNA分子并将它展开，它的长度差不多有2米。但根据我们最权威的研究，人体内平均拥有37万亿个这样的分子。所以，如果你把自己体内的所有DNA连成一行，它的总长度将超过74000000000千米。你问这有多长？为了让你有个概念，这个长度相当于从地球到太阳来回跑250趟。

你体内就是有这么多DNA。而且它实际上安放在一个小得连肉眼都看不见的地方。这怎么可能？答案是"结"。你的DNA打成了结，就是我们在这一章里一直在说的那种。

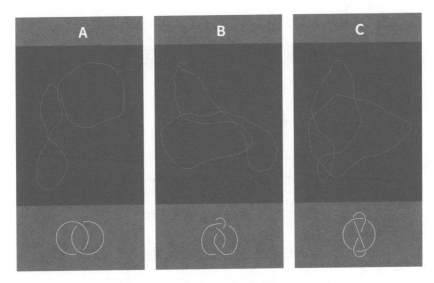

你的DNA示意图，以纽结的形式呈现

事实上，你体内的某些酶存在的唯一目的是解开、重组DNA分子，好把它们从一种结改造成另一种：

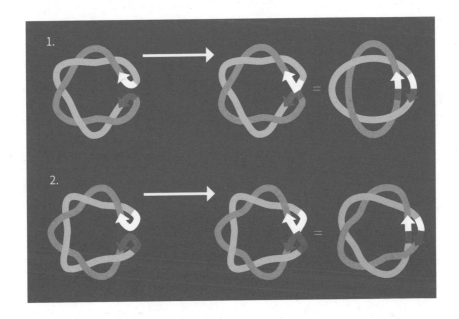

你知道这意味着什么吗？

此时此刻，为了维持

你的生命，

你体内的细胞正在不断打结和解结。

纽结理论维系着

你的存在。

对我来说，这就够了。数学为什么重要？因为数学蕴藏的秘密能帮助我们理解宇宙之谜，甚至包括基因序列这样基础的谜团，要知道，这颗行星上所有活物的生命都源自基因。

第10章

牢不可破的锁

"**传**声筒"[1]是个长盛不衰的游戏，因为它既简单又很有趣。亲眼见证一个看似简单的短语只转述了几次就彻底走样，这个过程让人乐此不疲。

鲜为人知的是，现代互联网和这个有趣的派对游戏十分相似。你做任何一个简单的操作，比如说打开手机上的某个应用，你的手机就会通过无线电信号向附近的信号塔"传话"，后者通过地下电缆向本地的信号交换站"传话"，交换站又会向网络服务商的服务器"传话"。你的手机发出的信息沿着这条传话链离开我们的国家，顺着海床传往，嗯，很可能是美国。最后，这个信号被传递到了接收方的计算机上并被读了出来："请打开谷歌主页！"接收方尽职尽责地执行了这一命令，一组数据被反馈到了你的手机上，但它走的很可能是另一条截然不同的路线。这趟往返超过24000千米的旅程只花费

---

[1] "传声筒"，又称传话游戏，是一个古老的多人游戏，指从队伍首端通过耳语或肢体语言传达一句话至队尾，通常游戏结束时最初的那句话已变得面目全非。游戏过程中的注意事项是，两个人在进行传话时，不能有第三方听见。这个游戏旨在说明谣言或者是传说在扩散中因传播者误听或添油加醋所产生的效果。

了不到五分之一秒的时间。

把互联网比作传声筒游戏时，你很容易觉得，尤其是在距离这么遥远的情况下，最大的困难在于如何确保对面收到的信息正是你发出去的那一条。这的确是个问题，数学家快乐地接下了解决它的任务。确保信息一致性的数学方法有成千上万种。其中最容易理解的一种名叫"校验数位"（check digit），下面的例子阐明了它的运作机制。

假设你想把一个八位的数字26101949传递到世界的另一端。你按下发送键，这有点像是把你的信投入邮局。邮局会检查这封信，在上面盖个邮戳，然后把它送出去。区别在于，你的计算机在这封"信"上盖的不是邮戳，而是在它的末尾增加了第九位数——"校验数位"，然后再把它发送出去。第九位数是这样算出来的：

1.你的计算机会把这条信息里的所有数字加起来：

$2+6+1+0+1+9+4+9=32$。

2.用这个和不断减10，直至最终结果小于10：

$32-10=22$，$22-10=12$，$12-10=2$。

3.最终得到的数字（在这个例子里是2）就是校验数位的值。

所以你的计算机向外发送的不是26101949，而是261019492。世界另一端的接收计算机知道你做了什么。早在开始交流之前，你就需要同意一系列规则（或者说"协议"），它约定了你们如何处理数据。如果接收计算机收到的正是我们发出去的那条信息，它会重复一遍你最初的操作（把所有数位加起来），算出校验数位的值，应该还是2。由于你的校验数位值和它的一样，所以它会得出结论：信息准确送达。

假如这个过程出现了问题，比如说传话链里的某台计算机不小心出了错，用231019492取代了原始信息，那么接收计算机会进行如下操作：

1. 它会把这条信息里的所有数字加起来：

   $2+3+1+0+1+9+4+9=29$。

2. 用这个和不断减10，直至最终结果小于10：

   $29-10=19$，$19-10=9$。

3. 这意味着接收计算机会认为你的校验数位应该是9，但它收到的校验数位却是2。这说明传话过程肯定有问题。

　　生成、验证校验数位的这一系列步骤（我们可以称之为一种"算法"）非常简单，计算机算起来也非常快，但它隐藏的代价是，很多误差可能会从规则的缝隙中漏过去。比如说，如果任何一位数被挪到了另一个位置（例如61021994）——这叫换位误差（transposition error）——那么哪怕新的信息已经和原来的完全不一样了，这种方法仍会算出同样的校验数位。如果有多个数位出现了问题，但由此产生的误差互相抵消了，计算机也看不出来。举个例子，35101949产生的校验数位值也是2，因为$3+5=8$，2加6也等于8。更成熟的算法能避免更多误差，但会更难理解，计算机的工作量也更大。

　　事实上，这个校验过程不仅仅发生在旅程的最后一步，而是途中的每一步；这样一旦发现了误差就能及时纠正，不必回溯到链条的起点。这就像在游戏里面，每个人听了悄悄话以后都会反问上一个人："你刚才跟我是这样说的，对吗？"

　　所以，我们的答案如何原封不动地抵达终点，现在我们对此有了一点了解。但这又引发了另一个严重得多的问题：既然互联网具有自查自纠的机制，这岂不是说，信息传递的过程中，每一台收发信息的中继服务器上都储存着——哪怕不是永久性的，也至少会存在一段时间——一份原始信息的准确拷贝？如果你发送的信息是自己的信用卡号，那是否意味着你宝贵的财务隐私被复制到了几十万台联网的电脑里？如果真是这样的话，你的银行账户竟然没在信息发出后的五分钟内被清空，这岂不是一个奇迹？

答案——它不光保证了你个人的安全，也为万亿产值的全球化经济奠定了基础——来自精妙的数学。不过，在我们详细地介绍数学如何保护你的信用卡号之前，你需要学习一点关于信息传递和安全的基础知识。

人类传递秘密信息的历史长达几个世纪。你可以指望一位敏捷、可靠的信使安全地把信息传递给你指定的接收者，中途不被拦截，但要把你的秘密托付给某个人或某种传递方式，这仍是一件很冒险的事。在秘密通信至关重要的战争时期，信使是首要的抓捕目标。进入无线通信时代以后，只要有一台像样的收音机，你就能接收附近的广播信号，不管这些信号是不是发给你的。

我们如今所说的"加密"（encryption）应运而生——用一套密码来处理信息，如果没有对应的破译技术，它看起来就是一堆乱码。这就像把你的信息放在一个上锁的盒子里送出去，只有你指定的接收者和你自己才有钥匙。在这种情况下，信息的安全完全取决于钥匙的安全；如果有人复制了你的钥匙，他就能像指定接收者一样方便地阅读信息。由于这种策略必须确保钥匙的安全，所以它被称为"私钥加密"（private key encryption）。

下面我们用数学语言举个例子。回想一下我们之前提过的那条信息，26101949。数字5可以作为简单的密钥：我们可以给每位数分别加5，然后用"加密后"的数字替代原始信息。在这个加密计划里，如果加5后发生了进位，我们直接忽略掉十位上的数字；所以对9进行加密的时候，我们会算出9 + 5 = 14，然后把9换成4。这意味着加密后的信息变成了71656494。由于这种方法直接把一个数"换"成了另一个，就像音乐家把一首歌的基调从某个音阶换成了另一个，所以它被称为"换位密码"。

比起直接发送不加密的原始信息，换位密码固然有所进步，但也有很大的局限。对新手来说，如果你用数字取代字母表中的字母，而且你发送的信息由某种常用语言（例如英语）的常用词组成，那么你加密后的信息几乎和原始"明文"一样容易被破解——尤其是在信息比较长的情况下。就像骑兵取代步兵，巡航导弹取代舰炮，试图保护信息的加密者和试图破译信息的解密者之间也存在（直到现在依然如此）数学军备竞赛。

　　简单的换位密码败给了一种同样简单的统计学工具——频率分析。你看，一条信息中的数字可能是随机的，但单词里的字母却肯定不是随机的。有的字母（例如元音）十分常见，而有的字母很少出现在常用词里（例如q和z）。你也许听说过，e是英语里最常用的字母。如果字母完全随机分布，那么每个字母出现的概率大约都是3.8%，但根据罗伯特·卢旺德（Robert Lewand）教授在《加密数学》（*Cryptological Mathematics*）一书中所说，e出现的概率是平均水平的三倍，所以在大部分普通的英语句子里，这个字母的占比高达13%。第二常见的字母是t，它出现的概率大约是9%。这些数据都经过合理验证，每种语言中字母的典型分布都是已知的：

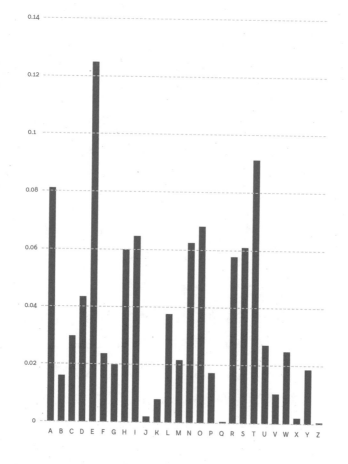

越长的信息越符合这一分布规律。为什么较短的信息更可能偏离这一规律？答案还是数字。"我是一名祖鲁战士"（I am a Zulu warrior），这条短信息中字母的分布规律如下：

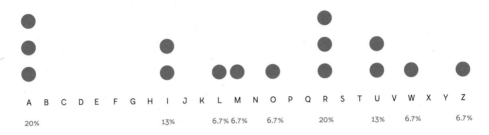

它的简短让那些不常见的词和字母获得了不符合典型规律的高比例。这句话甚至没有包含英语里最常见的字母！但如果一条信息很长，这样的事情就不太可能发生了。在这种情况下，你可以仔细观察加密后的信息，看看它的字母分布是否符合某种已知的规律。如果某个字母或数字取代的总是同一个字符，那么敌人可以直接用目标语言中最常见的字母取代加密信息中出现得最多的字符，从而破解密码。这条"秘密"信息在解密者手中就像打开的书一样毫无遮掩。

有一些方法可以克服这一短板。其中最著名的是纳粹在"二战"期间采用的恩尼格玛密码机（Enigma device）。通过一系列能排出上百万种组合的电路和齿轮，恩尼格玛密码机将同一个字母每次加密成不同的字母和数字，从而巧妙地避开了频率陷阱。这种别具匠心的方法最初是用来给金融交易加密的，但德国军方认识到了它的潜力。他们借鉴了这种设备的原始设计并根据自己的用途对它进行了改进，从而避开了盟军的监听。

和前辈相比，恩尼格玛密码机的确进步巨大，但它有个致命的缺陷：它和简单的换位密码基于同样的底层逻辑——私钥。每位德国报务员都有一个密码本，里面规定了恩尼格玛密码机的一系列数字设置。每天他们都会换密码，英国的解密者因此白费了不少力气。但英国数学家艾伦·图灵领导的团队最终用自己的设备，它名叫"炸弹"（Bombe），破解了恩尼格玛密码，这个故事本身就很精彩。但他们之所以能成功，是因为他们只需要弄清每天的私钥，就能破解当天德军发送的所有信息。

进入互联网时代以后，再复杂的私钥都失去了用武之地。回想一下之前提到的传话链的例子，你会发现，想把私钥交给终端，信息的发送者必须跟接收者发生物理接触。德国人利用密码本克服了这个难题，他们的报务员不管走到哪儿都带着自己的"钥匙"。但这样的局面基于一个事实：信息的发送者和接收者在过去的某个时间发生过物理接触。但你和接收你信用卡号的网络服务器之间不存在这样的联系。所以构建互联网的基础不是私钥，而是公钥。

"公钥"这个词听起来有点自相矛盾。如果一所房子的钥匙大家都有，怎么保证它的安全？但公钥加密和私钥加密的前提条件完全不同。还记得吗，私钥加密的原理是这样的：

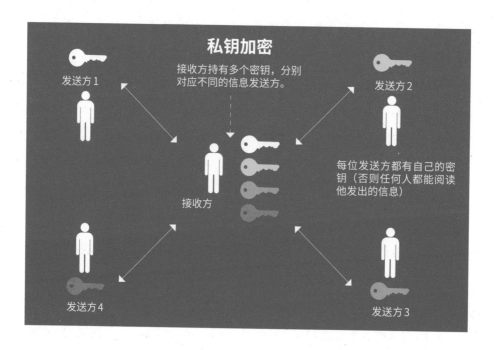

请注意，发送方和接收方需要拥有同样的密钥，这道密钥用来加密、解密他们传递的信息。所以私钥加密有时候又叫"对称加密"（symmetric encryption），因为双方在交易中是平等的。

　　从另一方面来说，公钥加密的机制和私钥加密完全不同。这种方法给出的"密钥"一点也不像钥匙，倒是更像一把挂锁。

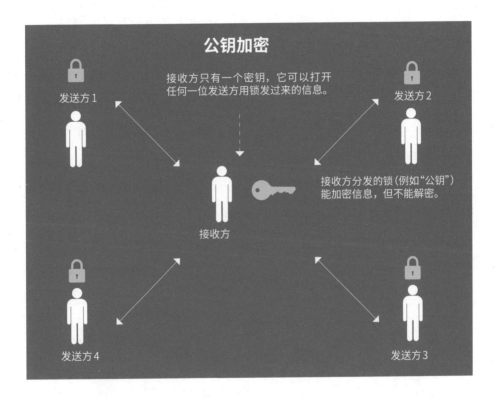

　　挂锁十分特殊。哪怕没有钥匙，你也可以用它把东西锁起来。这意味着哪怕你打不开这把锁，你也可以用它上锁。在密码学的领域里，这意味着你可以加密一条信息，但无法用同样的资源将它解密。接收方公开了自己的挂锁，所以任何人都能把自己的信息锁起来并传递出去，但打开这些挂锁的钥匙只有接收方才有。这样一来，发送方和接收方不必再拥有同样的资源，所以公钥加密又叫"非对称加密"（asymmetric encryption），它不像私钥加密那么平衡。

这样的不平衡正是公钥加密大行其道的秘诀。它需要数学家所说的"陷门函数"（trapdoor function）。正如这个名字所暗示的，陷门掉进去容易，爬出来难。陷门函数从一个方向算起来很简单，反过来就很难了。这看起来像是什么？现在我们要介绍的是已知最重要的一类数字——**质数**。

孩子们从很小的时候就开始认识质数，所以它的定义可能还藏在你记忆中的某个犄角旮旯里。很多人记得，质数指的是只能被它自己和1整除的整数。比如说，7是质数，因为它只能被7和1整除（$7 \div 7 = 1$，$7 \div 1 = 7$）。反过来说，6不是质数，因为它还能被2和3整除（$6 \div 2 = 3$，$6 \div 3 = 2$）。

这个特性带来了一个结果：如果你拥有质数个物品，那么你不可能把它们平分给一群人，除非你们的人数正好等于物品数量。顺便说一句，我提出过，一包雅乐思巧克力饼干为什么是11块？这正是原因所在：11是一个质数，所以除非你家里正好有11个人（或者有人愿意把饼干掰成两半跟人分享，可是说实话，谁乐意这样呢？），否则从数学上说，不可能每个人都吃到相同数量的饼干。这样一来，在饼干快要吃完的时候，你们肯定会吵起来，最后只好再买一包（"哼，上次你比我多吃了一块！"）。多么天才的营销策略。

质 数 是 数 学 宇 宙 的 基 本 元 素。

宇宙中的每一种物质都由一系列独特的元素组合而成，同样地，已知的每一个数也由一系列独特的质数组合而成。（这条精彩的小规律在数学上如此重要，以至于人们给它起了个浮夸的名字——算术基本定理，如果你想了解更多，请翻到第166页）。和基本元素一样，质数合起来很简单，但等到它们真正融为一体，要把它们再分开就很难了。

比如说，用质数31乘以59，这很简单。但1349是哪两个质数之积呢？这就没那么简单了！（顺便说一句，答案是19和71。）不光是我们这些不灵光的脑子觉得这种题很难，随着数字不断增大，就连强得不可思议的计算机也觉得它（这叫"质因数分解"）算起来特别耗时间。做乘法容易，分解因数难：这是一道陷门。

于是我们又说回了加密。想安全接收信息的网站向所有请求者发放公钥。公钥实际上是一个极大的数字，长达几百甚至上千位，任何人都可以用它来加密信息。一旦完成加密，挂锁就锁上了。要是没有对应的钥匙，谁也别想把它打开，包括你自己在内。这把钥匙就是公钥的一对质因数（就像19和71，只不过比这两个数大几千倍）。通过对公钥进行质因数分解来获得两个质数，这是个冗长得不可能完成的任务：某些公钥特别长，现在的计算机要算出答案，需要花的时间甚至比可观测宇宙的寿命还长。所以利用这些质数制作原始公钥的接收方网站可以通过这种安全的方式接收自己想要的任何信息。任何传话链都不会损害它的安全。

第11章

我能推倒
比萨斜塔吗？

对托斯卡纳这片平平无奇的草地来说，尽管正值一年中最热的时节，人们仍对它所在的位置格外关注。游客们络绎不绝地来到这里，但他们的注意力并不在彼此身上。这一幕真正的奇特之处不在于游客的数量或密度，而是他们正在做的事。

一个女人举起一只胳膊，好像正在奋力地推什么东西。一个旅行团排成长队，一起做出斜倚的姿势。一个年轻的女孩伸出一根手指，仿佛正在按下一个按键。还有其他数不清的游客摆出各种精心设计的动作，所有人都在给自己拍照。这到底是什么地方？这些游客正站在比萨斜塔前面，为自己的旅行留下不可或缺的影像证据。

这一切很有趣。人们在这座塔前拍的一些照片真的很有创意。有的照片看起来特别逼真，哪怕我们脑子里知道自己被误导了。但这些照片带来了一个实际的问题：我们的大脑如何判断物体的远近？它如何判断某件物体到底是体积大还是离得近？

人类大脑有很大一部分专门用于处理视觉。对我们的祖先来说，利用自己的眼睛计算距离是个很有用的重要技能，面对威胁——例如丛林里的老虎——的时候，他们必须迅速判断眼下最好的选择是战斗还是逃跑。所以大脑发展出了大量技巧来充分利用我们的双眼视觉，纵观整个动物王国，双眼视觉显然是个非常有用的特质：世界上充满了两只眼睛的生物。有的技巧十分复杂，它需要捕捉光的微妙线索、识别运动、辨认环境中频繁出现的特殊形状。但大脑使用的最直接、优雅的一种方法完全基于简单的几何学。

请花一秒钟抬头看看你的周围。观察近处和远处的物体。我希望你注意到的第一件事是，你很可能体验到一种名叫视觉单一性（singleness of vision）的现象——顾名思义，这种现象指的是你转头四顾的时候，你看到的图像只有一幅，视野也只有一个，而不是两个。你可能觉得这没什么稀奇，但为了实现这个目标，你的大脑着实费了不少工夫，因为归根结底，你的双眼会兢兢业业地向大脑发送两幅不同的图像，而你的大脑出色地完成了任务，把它们缝合成了浑然天成的一幅图。

如果你不相信我，请把你的右手食指举到眼睛前面很近的位置。将你的视线聚焦在这根手指上，观察它的轮廓。现在，闭上一只眼睛再看，然后换成另一只眼。来回切换一下，你会发现，每只眼睛会分别传给大脑一幅不同的图像。事实上，如果你的手指放在合适的位置，你会注意到自己的右眼能看到指甲，但左眼只能看到指纹。你的两只眼睛必然捕捉到不同的图像，因为它们的视角不一样，它们在你脸上的位置各不相同。

双眼帮助你判断距离，这个过程蕴藏着优美的数学技巧，现在你可以开始领略它了。请再次将你的手指放到眼睛前面，不过这一次，请将你的视线聚焦到远处的某件物体而不是手指上。如果你在室内，试着去看对面的墙壁。现在重复我们之前的步骤：闭上一只眼，然后换成另一只。来回切换一下，你会注意到另一件事：你的手指看起来像在左右横跳，仿佛你每眨一次眼，它就会从一个位置瞬移到另一个位置。

但你知道，这根手指完全没动。事实上，如果你一直将视线聚焦在远处，同时留意手指在视野中的位置，你会看到这根手指同时出现在两个地方！

为什么你平时没有注意到这一点？原因至少有两个：第一，平时你不会刻意寻找视觉的漏洞，所以完全不会留意这些事；第二，你的大脑每时每刻都在接收两幅图像——每只眼睛各一幅，并把它们缝合成一幅三维的场景。正是因为双眼看到的图像各不相同，你的大脑才能分辨物体的远近。

这个过程背后的机制是这样的。多玩一会儿刚才的手指游戏，你会发现手指离脸的距离越近，左右眼产生的像差越大。你的大脑知道，这样的差别不仅出现在你的手指上，也同样适用于你眼前的每一件物体。物体的像差越小，它的距离就越远，因为你的左右眼对这件物体所成的像几乎一样。但如果像差越来越大，你的大脑会意识到，物体和你的距离越来越近。

所以比萨斜塔的视错觉照片才如此引人注目，哪怕我们心里知道这只是错觉。看到你的朋友和斜塔出现在同一幅平面的图像里，大脑失去了判断远近的双眼视觉线索。我们的左眼和右眼会向大脑传送这张照片的同一幅图像，因为它们别无选择。我们知道这不对，但我们的大脑还是会被愚弄——哪怕只有一小会儿。

第12章

用数学预知未来

预知未来似乎只属于奇幻和科幻的领域。出于某些原因，几乎每个涉及预言的故事最终总会沦为警世神话：要么发展出一个饱受争议的执法部门，例如《少数派报告》中的"预防犯罪局"；要么由一个自我实现式的预言引发一系列悲剧的转折和反转，例如经典的《俄狄浦斯王》或者更现代的《功夫熊猫》。但这些故事基本都不会提及一个事实：人类的确能预见未来。

你不需要什么水晶球或者先知卷轴，
只需要数学。

虽然这个世界有时候看起来完全被**随机不可预测**的事件主宰，但经验表明，数学领域的概率论和统计学可以帮助我们以惊人的准确度预言很多事情。为了说明这一点，19世纪的英国统计学家法兰西斯·高尔顿爵士设计了"高尔顿板"（Galton board），后来人们叫它**"梅花机"**（quincunx）。

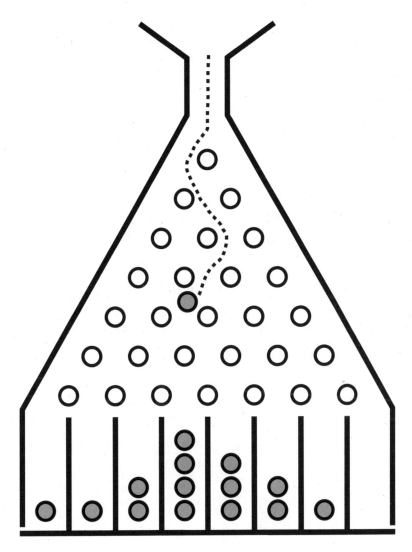

梅花机示意图

　　梅花机是个简单的发明，从本质上说，它其实就是一块三角形的板子，板面上扎了很多钉子。三角板顶部有个放球的容器，只要打开容器的口子，重力就会让球往下掉。钉子之间的距离相等，排布方式特殊，一旦有球与它们发生碰撞，球向左或向右掉落的概率完全相等。掉下去的球最终会进入板子下面事先放好的容器里。

由于球向左或向右坠落的概率相等，你可能会认为，我们不可能预测坠落的球最终的位置。但事实上，我们不光能预测球的位置，而且可以肯定，无论你重复做多少次实验，最后的结果差不多都是这样：

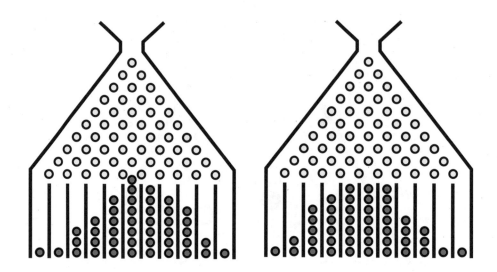

这是怎么回事？这么完全随机的过程为何会产生如此一致的结果？顺便说一句，球的坠落确实是随机的，观察一个球坠落的过程完全不能帮助你判断下一个球的坠落路线；每个球都是完全独立的，它可以自由（和所有无生命的物体一样自由）选择任何一条路线前往底部的容器。要理解梅花机的行为，关键在于不要把每个球看成独立的个体，而要把所有球统一视为一个遵循特定规则的整体。

请容我解释。

为了帮助我们形象地理解梅花机和它背后的机制，我们不妨把它压缩成一个只有几颗钉子的超简易版本，这样问题就简化到了我们能掌握的尺度范围内。如果梅花机有四行钉子，那么每个球前往底部的可能路径共有16条。它们分别如下：

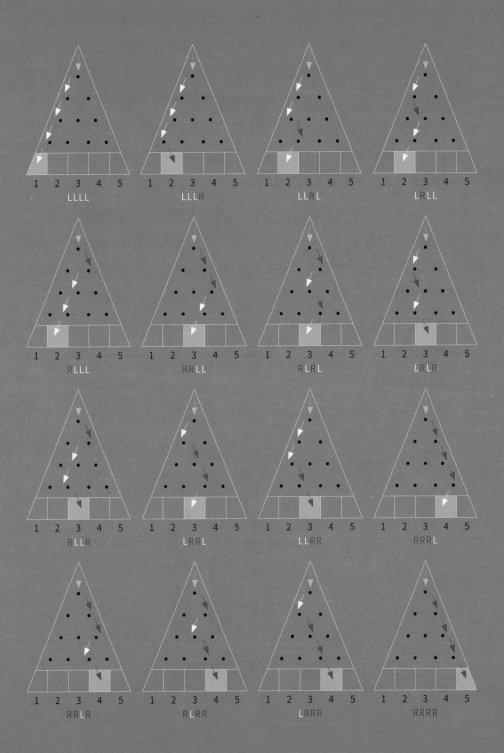

同时看到所有可能的路径，而不是关注某一个球在钉板上移动的过程，这能帮助你更好地理解一件矛盾的事情：正是梅花机的随机性才让最终的结果变得可以预测。对真正随机的事件来说，每个可能的结果出现的概率都完全相同，否则我们就会说，这种情况拥有特殊的权重。而对梅花机的钉子来说，这意味着球与它发生碰撞后向左或向右的概率完全相同。既然每次运动向左或向右的概率相同，那么图中所示的16条路径出现的可能性也完全相同。

这意味着，假如我们从钉板顶部释放160个球，那么每条路径都会出现10次左右。但你可能会注意到，其中有几条路径通往同一个终点。比如说，通往左起第二个格子的路径共有4条。这意味着最后这个格子里应该有大约40个球。同样，通往中间那个格子的路径共有6条，比其他任何格子都多，所以最后落到这个格子里的球应该有60个左右，是所有格子里最多的。

数一数通往每个格子的路径数量，那么这块只有5个格子的小钉板每个格子的路径数量是1，4，6，4，1。如果你把这些数字画成示意图，那么它看起来是这样的：

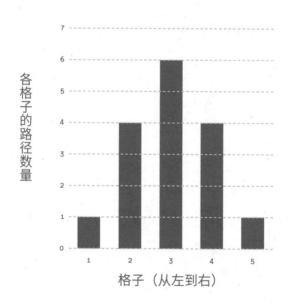

我们可以把这个假设中的梅花机换成一块更高、拥有更多格子的钉板。比如说，格子共有9个而不是5个。现在通往每个格子的路径数量是这样的：1，8，28，56，70，56，28，8，1。这次的示意图如下：

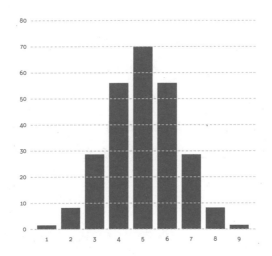

如果我们把格子的数量增加到21个，示意图如下：

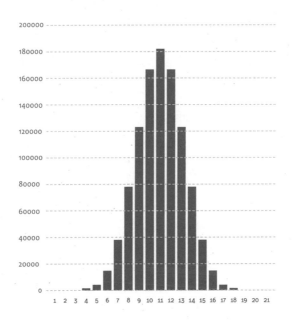

看起来眼熟吗？

正如我们在介绍分形的章节（"穿过血管的闪电"）中提到过的，诗的艺术在于赋予同样的东西不同的名字：寻找充满想象力的新方式来拓展语言的边界、表达既有的平凡现实。但数学赋予我们的能力是：从表面上看起来截然不同的东西中找到同一个美丽的规律。在数学的领域里，我们可以用同一个名字称呼不同的事物，因为我们看到了那根把它们穿起来的线条。

很多人会把上面几幅示意图里的形状描述为"钟形曲线"，但数学家称之为"正态分布"（normal distribution）。

它反映的是所有随机集合共同的特征。换句话说，正常情况下，被一个随机元素影响的结果就应该是这个样子。

无论这个集合是人、考试成绩还是事件（例如梅花机里坠落的球），它们都会呈现出这样的特征图形。

根据记载，法国人亨利·庞加莱（Henri Poincaré，1854—1912）对正态分布有深入的理解。庞加莱最著名的成就是他对数学和物理的贡献，一则古老的逸事讲述了他如何运用自己的统计学思路逮住了一名卑鄙的面包师。

故事的开始，庞加莱怀疑本地的面包房欺骗了忠实的顾客，故意卖给他们缺斤少两的面包。每个面包的重量本来应该正好是1千克（对重量和其他度量衡的准确测量本应是法国人最引以为傲的成就，因为国际度量衡局就诞生在这个国家。这个部门负责管理国际千克原器，全世界的"千克"都靠它来定义），所以法国人完全有能力正确测量重量！

庞加莱决定利用统计学弄清真相。整整一年里的每一天，他都会恪尽职守地买一条面包，直接带回家称重。到了年底，他已经搜集了相当可观的数据，利用这些数据，他统计出了面包重量每个月的分布规律。结果表明，面包的重量分布呈钟形曲线，曲线中值为950克，标准差为50克。这意味着根据正态分布的特征，只有16%的面包重量达到了1000克以上，其余的84%都达不到标称值。他将这个结果报告了当局，于是面包师遭到了有关部门的警告。

第二年，庞加莱（他一直心存疑虑）决定继续每天给面包称重。开始几天他很高兴，因为面包的平均重量似乎达到了1000克，理应如此。但随着时间的流逝，他又变得忧心忡忡。到了年底，他再次向当局报告了自己的统计结果，当局立即开出了罚单。问题出在哪里？

庞加莱注意到，这次面包重量的分布曲线失衡了——它并不对称，较重的面包数量更多。由随机因素决定的过程必然符合对称的正态分布，例如梅花机。庞加莱由此得出结论：第二年他买到的面包不是随机而是经过刻意的选择。面包师烤的面包重量中值还是950克，但在第一次被投诉以后，他专门挑选了更重的面包卖给庞加莱。

很多日常现象背后都隐藏着正态分布的原理。
所以我们才能无意识地有效预测未来。

如果你从家里坐公共汽车进城，那么你需要花费多少时间才能到达目的地？从理论上说，只要知道A、B两点之间的路程总长度，然后除以每条路的限速，就能算出一个时间来。但这里有个小陷阱：沿路的交通灯会打断你的行程，你不知道会遇到多少次红灯。道路限速基本无法反映你的实际行驶速度，尤其是在高峰期，因为拥挤的车流可能会把高速公路变得只比停车场略强一点儿。

高峰期

在这个问题上，正态分布可以拯救我们。虽然单独预测每次进城的时间非常困难——就像单独预测一颗球在梅花机里坠落的路径，但整体来说，从郊区进城的旅程必然符合正态分布。沿路的交通灯会允许一部分车辆通过，同时拦住另一部分车，就像板上的钉子会让一部分球掉向左边，另一部分掉向右边。正如一个球不可能每次碰到钉子都掉向左边，你也不可能每次都遇到红灯（或者反过来说，你也不可能每次都畅通无阻）。随着我们行驶的次数越来越多，这些行程也会像梅花机底部的球一样不断累积。在线地图正是以这种方式构建了所谓的概率模型，来预测一段旅程通常需要花费多少时间，所以它们给出的预估行程时间有时候准得吓人。

第13章

蝴蝶效应

在 上一章里，我们目睹了看似随机的过程如何时常高度可预测。但如果你试图预测未来，并不是每次都会这么顺利。有的预言以不可靠著称，例如对一两天后的天气进行预报。考虑到几百年来，人们对天气——历史上任何时期、任何地方的任何人都会经历天气——进行过许多研究，天气预报的不准确就更让人费解了，你大概会觉得，我们现在对天气规律应该非常了解才对。为什么在这么长的时间里，我们预测天气的努力总是付诸东流？答案还是来自数学。这次的关键，是数学领域中的"混沌理论"（chaos theory）。

通用语里**"混沌"**（chaos）的意思是**"无序的状态"**，它的反义词是**"有序"**（cosmos），指的是有秩序的事物——"cosmos"这个词还有"宇宙"的意思，这得追溯到早年间的天文学先驱，他们把天体的规律运动归结

为神的设计。混沌和有序对比鲜明：夜空中星座的形状和排列都是高度可预测的，这就是看得见的有序。对古代的水手来说，星星的高度可预测性非常有用：如果你能学会阅读星星的位置并与已知的星图做比对，你就能准确算出自己在茫茫大海中的位置。

反过来说，混沌可能让你想起刚刚被一个顽皮的孩子造访过的沙坑，这个小家伙无情地摧毁了五分钟前离开的那个孩子堆砌的美丽建筑。等他搞完破坏以后，谁也无法预测坑里每一粒沙的位置，因为他的行动完全没有逻辑和规则可言（唯一的规则可能是"破坏眼前的一切"）。

天气这样的东西肯定更像沙坑，而不是星星。虽然我们很容易掌握季节的变化和温度波动的大趋势，但具体到每一天的天气，它可能像三岁的孩子一样喜怒无常。不过，随着我们对物理宇宙的理解越来越深入，我们越来越清晰地认识到：有的事情只是表面上看起来没什么规律。其实很多东西完全可以预测，只要你能提前知晓与之相关的所有信息。

比如说，扔硬币常常被当成典型的随机事件。但如果你知道这枚硬币的所有信息以及它被弹到空中的方式：硬币的重量，扔硬币的力，空气湿度，

等等，那你完全可以提前知道扔硬币的结果。数学家称之为"确定性系统"（deterministic system）——事物在特定时间点的状态完全取决于它的前置事件，这个过程没有任何随机性可言。

数学家对混沌的定义包括这种情况：一个系统，例如掷骰子或者天气情况的变化，可以表现出"混沌"的行为，哪怕它并不是真正随机的。我们应该停下来仔细品味这个说法的疯狂之处。这就像刚才那个小孩跑进沙坑的时候，其实脑子里早有一幅详尽的蓝图，他盘算好了要把每一粒沙子（哪怕数以百万计）弄到哪里，而且他准确完成了每个动作，完美地实现了蓝图。这怎么可能？

要理解这件事，首先我们需要认识一个非常重要的数学概念——映射（map）。

数学领域的映射完全不同于地理意义上的地图（map），但它们拥有同样的目的：向你展现不同事物之间的关系。

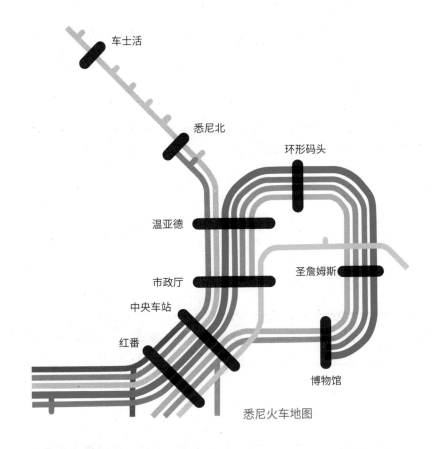

悉尼火车地图

火车地图展现了站点之间的关系（以路网连接的形式），街道地图让你看到不同地点之间的关系（以距离和方向的形式）。而数学映射展现的是数字之间的关系，具体表现为一个数如何通过特定的数学运算变成另一个数。

值得一提的是，我们在现实世界中看到的地图通常拥有自己的底层规则，我们都知道这个默认前提，但几乎不会去细想。比如说，街道地图往往自带比例尺：地图上的某个长度对应现实中的另一个长度。但火车地图并不遵循这条规则：地图上的两个站可能看起来很近，但它们在铁道上的实际距离可能很远。同样地，不同的数学映射有不同的数字运算规则。

你很快就会明白我的意思。下面是一个数学映射的例子：

$$X_n \times 2 = X_{n+1}$$

这个式子的意思是说，任选一个数作为起点，那么这个数乘以2就是下一个数。我们只需要不断重复这个步骤——这个过程叫作"迭代"——就能在映射中前进。所以，如果我从数字3开始，数学映射的结果是这样的：

第一步	第二步	第三步	第四步	第五步	第六步	第七步
3	6	12	24	48	96	192

由于这个过程中每个数都是前一个的两倍，所以我们称之为"倍增映射"（doubling map）。我可以随心所欲地换一个初始数字，如果从4开始，结果如下：

第一步	第二步	第三步	第四步	第五步	第六步	第七步
4	8	16	32	64	128	256

如果初始数字介于3～4之间，那么：

第一步	第二步	第三步	第四步	第五步	第六步	第七步
3.1	6.2	12.4	24.8	49.6	99.2	198.4
3.5	7	14	28	56	112	224
3.9	7.8	15.6	31.2	62.4	124.8	249.6

关于这一系列的数值，我希望你们注意的是，你可能已经想到了，倍增映射高度可预测。如果初始数字增加一点点，最终的结果也会增加一点点。如果初始数字增加了不少，那么最后结果的增长也会相当可观。这意味着，

如果你按照初始数字递增的顺序排列这几组数字，那么它们最终的结果也是递增的。

第一步	中间步骤	第七步
3		192
3.1		198.4
3.5		224
3.9		249.6
4		256

　　利用这点知识，如果我给你一个初始数字，让你推测最终结果，那你完全可以给出一个相当准确的答案。比如说，如果我们从5开始，结果会是什么？6呢？试着推想一下，假如初始数字更大，比如说10，那么结果会怎样？聪明的读者这会儿应该已经算出来了，你可以直接用初始数字乘以64，得出最终结果。所以10变成了640。

　　综上所述，在这种情况下，只要知道初始数字——数学家常叫它"初始条件"，你就能很自信地轻松预测最终结果。这个映射的规则并不复杂，所以你也不用太惊讶。

　　现在，我希望你看看下面这些初始数字和最终数字，它们来自另一个数学映射：

第一步	中间步骤	第七步
0.0001		0.243
0.0002		0.880
0.0003		0.477
0.0004		0.174
0.0005		0.604

这个映射里的数字会让你越看越糊涂。几个初始数字之间差别很小：每行只差万分之一。反过来说，最终结果之间的区别却很大：初始条件的细微变化经过映射被放大了几千倍。除此以外，初始数字的顺序也不能决定结果的顺序：有时候初始数字变大了，最终结果也变大了，但它增长的幅度却是随机的，更别说更大的初始数字有时候还会带来更小的结果。这到底是怎么回事？

这些数字的运算规则叫作单峰映射（logistic map）。你可能以为单峰映射由一长串复杂的符号和神秘的数学公式组成，但它其实非常简洁：

$$4X_n \times (1 - X_n) = X_{n+1}$$

如果你稍微拉开一点帘子，更深入地探查中间步骤（而不是从初始数字一下子跳到结果），单峰映射会展现出更多的混沌行为。下面这幅示意图展现了表格里没有列出的中间步骤：

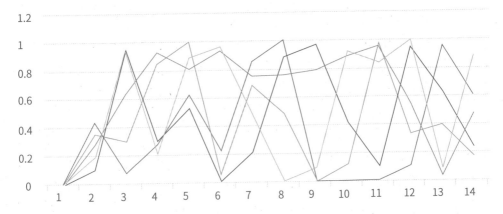

顺着一条折线从左到右观察，你会看到单峰映射中的数字根据代数运算规则忽大忽小的变化。为了便于观察，每条折线的透明度各不相同：初始数字越小，折线颜色越深，反之则越浅。你可以看到，所有折线几乎是从同一个点出发的，因为初始数字之间的区别很小（如前面表格中所示）。

单峰映射是数学混沌的一个典型范例。因为它展现了混沌的关键条件：对起始条件的变化格外敏感。初始数字只要变了一点点，它的折线就会出现剧烈的变化。在下面的示意图中，你可以看到 0.0001（深）和 0.0002（浅）在单峰映射中的转折和起伏。

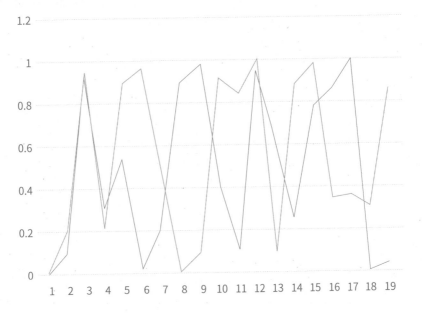

"对初始条件敏感"又被称为**"蝴蝶效应"**，这个名字源于一句俗语：一只蝴蝶扇动翅膀（初始条件的细微变化）造成的气流微妙变化可能在世界另一头引发一场飓风。如此渺小的生物竟然能引发如此大规模的巨变，这看似荒谬，但它正是天气预报员无法准确播报天气的原因。

天气预报之所以这么不准确，不是因为我们无法精确追踪淘气的有翅昆虫的一举一动，而是因为我们的测量设备能力有限。全世界的气象机构搜集当前的天气情况——气压、温度、湿度、风速、附近的洋流，诸如此类，再把这些数据输入某个数学映射（模型），由此预测未来几天的对应气象参数。但无论你的模型有多准确，你搜集的数据总是不完美的：它们的精确度有限。我们测量气温的精度或许能达到 0.0001℃，但正如单峰映射告诉我们的，万分之一的差异只需短短几步就会带来巨大的变化。

事实上，刚才那幅 0.0001 和 0.0002 的对比图很好地说明了这样的变化是如何发生的。假设我们的温度计测量出来的气温是 25.0001℃，但气温的实际值是 25.0002℃。深色折线代表我们预测的气温波动轨迹，而浅色曲线代表实际的气温变化。如果你把这幅图中的每个步骤想象成一天，那么你会看到，虽然头三天的预测值和实际值并不完全相同，但相当接近。两条线相差甚微，这意味着天气预报还算准确。但到了第四天，一切就乱了套。预测值和实际值之间出现了巨大的差异，然后没过多久，温度映射中的两条线就几乎没有任何关系了。

第14章

数学钻石：
帕斯卡三角

在"用数学预知未来"那章里，我们通过观察一种名叫梅花机的奇妙小装置，探索了正态分布的概念。利用想象中尺寸不一的钉板，我们认识到，我们可以准确预测任何一块钉板的最终状态，甚至包括那些拥有几百上千行钉子和格子的超大钉板，哪怕单个球在钉板上的行进轨迹完全随机。我们的预测基于一个事实：你可以轻松地数出通往钉板底部每个格子的路径数量。剩下的事取决于随机性的基本原则：所有路径出现的概率完全相同。

我想回到那一刻，提醒你注意这个小实验里出现的一件惊人的事。根据我们的计算，如果一台梅花机底部有5个格子，那么从左至右，通往每个格子的路径数量分别是：1, 4, 6, 4, 1。如果钉板上有9个格子，那么通往每个格子的路径数量（还是从左至右）是：1, 8, 28, 56, 70, 56, 28, 8, 1。

按照这种方法，将不同的格子数量产生的数列依次排列，你会得到下面这个三角形：

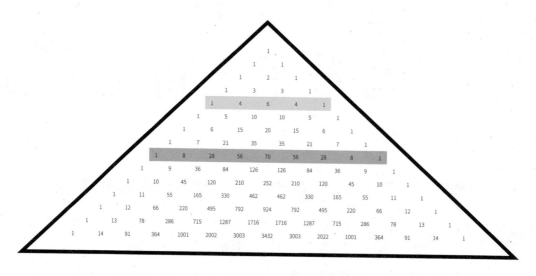

请注意从上往下数的第五行和第九行，它们分别对应拥有5行和9行钉子的梅花机。纵观历史，这个复杂的数字金字塔在各个不同的文化中被一次又一次反复发现，所以它有很多不同的名字：杨辉三角、须弥山之梯、塔塔利亚三角、海亚姆三角等。不过，如果你是用英语阅读这本书的，那它在你脑子里的名字很可能是**"帕斯卡三角"**（Pascal's Triangle）。

即使没有梅花机，你也能完全理解帕斯卡三角。你会发现，从三角形最上方的1开始，下面的每一个数字都等于它上方的两个数之和。（如果要算三角形左右两条"边"上的数字，只需要假设画面外有个0。）比如说，第九行（上一页三角形中标亮的那行）的数字可以利用第八行的数算出来：

$$7 + 21 = 28，21 + 35 = 56，$$ **以此类推。**

这就是数学家一次又一次邂逅帕斯卡三角的第一个原因：它很容易算出来。你只需要做加法就行，所以就连上小学的孩子（只要有时间和耐心！）也能徒手算出很多行。但很多简单的东西实际上毫无价值！这个三角形之所以一直那么迷人，第二个原因在于，它就像一座钻石富矿，里面充满了唾手可得的财富，就像最开始画出它的形状那么简单。比如说，如果标亮帕斯卡三角中的所有偶数，你会看到这样的图案：

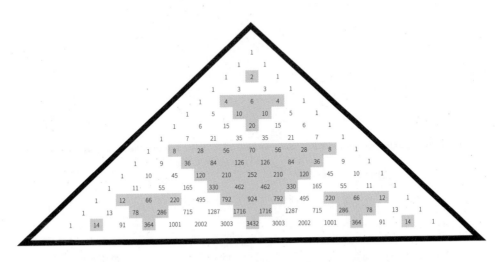

会形成有趣图案的不仅仅是偶数，标亮3的倍数，你会看到：

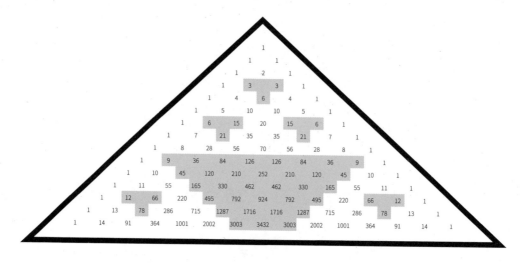

事实上，标亮任何一个数的倍数，你都会看到这个图案的有趣变种。下面还有5的倍数形成的图案。

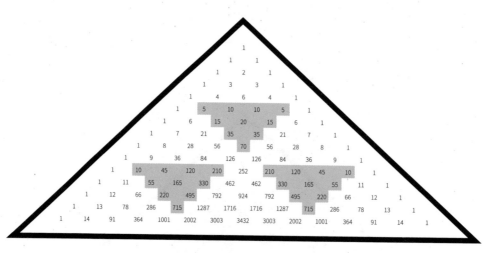

和帕斯卡三角一样，这种三角形图案也有自己的专属名称：它名叫谢尔宾斯基三角，和我们前面介绍过的闪电、血管一样，它也是一种自相似的分形图案。

如果你继续挖掘，还会发现更多惊人的规律。比如说，如果你把水平方向的数字全都加起来，算出每行数字之和，那么从上到下的结果是：1，2，4，8，16，32，以此类推。每一行的数字之和都等于上一行的2倍，这个数列是

2的幂。

如果你觉得这很奇怪，我们这才刚刚开始。比如说，看看这条斜线上的数字：

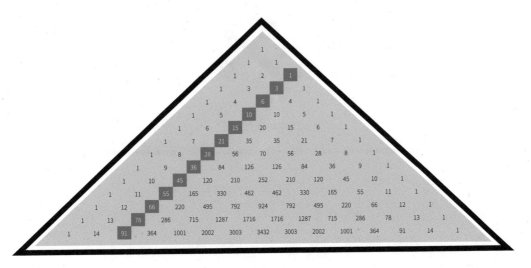

这串标亮的数字名叫"三角形数"（triangular number）：1是第一个三角形数，3是第二个，6是第三个，以此类推。要弄清它们为什么叫这个名字，最简单的办法是后退一步，重新审视帕斯卡三角：

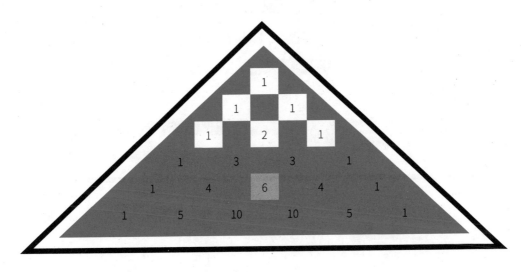

数字6是第三个三角形数；帕斯卡三角的前三行里共有6个数。

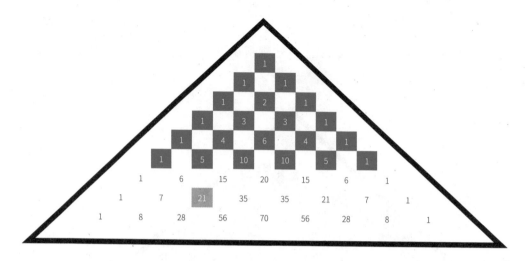

数字21是第六个三角形数；帕斯卡三角的前六行里共有21个数。

帕斯卡三角和质数之间的关系也很奇妙，我们在"牢不可破的锁"那章里已经认识了质数这个概念。如果忽略三角形左右两条边上的1，再多注意一下以质数开头的行，二者之间的关系就呼之欲出了。

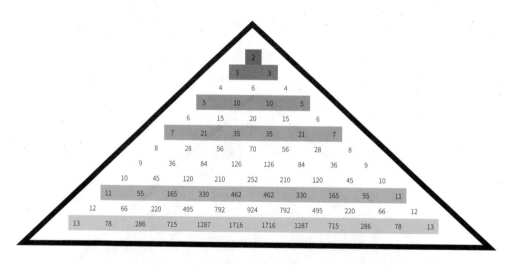

乍看之下这并不起眼，但符合条件的每行数字都拥有一个奇妙的特性：它们都是这一行第一个数的倍数。你看：

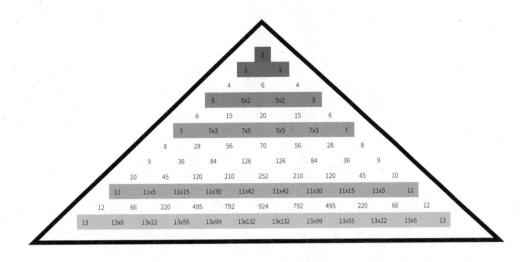

为什么会有人对这些东西感兴趣?

呃，不妨从这个角度来看：帕斯卡三角相当于数学领域的库里南钻石。作为有史以来最大的珠宝级原钻，这颗钻石重达3106.75克拉。关于宝石，尤其是库里南钻石，最惊人的地方在于，它们都是简单的原材料（库里南钻石的原材料是碳原子，很多的碳原子！）通过完全自然的过程（热、压力和时间）形成的。帕斯卡三角完全由最简单的数字组成——它名叫自然数，我们将在第16章中详细介绍——计算过程也基本不用动脑子。它看起来显然没有经过什么精巧缜密的设计。不过，和库里南钻石一样，它蕴含着艺术家和建筑师梦寐以求的美。将它握在手中稍加转动，从一个新角度去观察，你就会看到新的图案和色彩。帕斯卡三角的简洁和丰富的内在规律等待着任何有志于钻研数字的人去发现和探索。

第15章

一闪一闪亮晶晶

快，在你脑子里画一个星形!

它看起来是什么样的?

借着这个好机会，你可以画一个尖角指向外侧、每个角之间由直线连接的图形，就像这样：

我们告诉孩子，这叫星形，他们很快就能学会。每个孩子在小学阶段一定会看到的太阳系全景图里就散落着这样的"星星"：

这个约定俗成的叫法一直延续到了我们成年以后。比如说，这种海洋生物被我们命名为海星：

我们熟悉的五角尖尖的"星星"还常常出现在世界各地的旗帜上。美国国旗甚至直接就叫"星条旗",因为它大面积使用了这个形状。

但这是个赤裸裸的谎言。

宇宙中没有哪颗星星有这么尖的角。看,我甚至可以用照片向你证明!

星星并不是星形的。

事实上,所有恒星都是**球形的**。这直接源于一个事实:引力将物体(这里的"物体"指的是占据恒星大部分质量的灼热的等离子体)凝聚在一起,它的大小与物体之间的距离成比例。在一个特定的距离上,恒星的引力强度无法再维系星体物质,这决定了恒星的尺寸。从中央的一个点出发,在二维空间里,比如说在一张平铺的纸上,测量一段固定距离得到的轨迹是一个圆。而在三维空间中,例如我们所知的宇宙,你将得到一个球。

这点天文几何学常识似乎被历史上的众多文明忽略掉了。人类为什么要这么固执地用近乎完全相反的形状——充满尖刺的"星形",来代表星星?

回答这个问题之前,我们不妨花点时间探究一下几何——研究形状的学科,与我们对恒星的理解有何关系。夜空中肉眼可见的天体激发了世界各地人们的遐想和智慧,每个文化都会赋予这些星星不同的意义。无论是在占星术别出心裁的神话传说中,还是在更科学理性的现代故事里,我们总能达成共识:恒星非常重要。所以古往今来的观星者一直试图从数学上理解恒星,这也很自然。

比如说,很多人知道,如果你想测量一个角,我们会说,一个完整的圆是360度。所以"180度大转弯"在我们的语言里指代的是完全相反的决策或方法。但你有没有想过,为什么是360度?这是谁规定的?为什么这样规定?这些知识深深地烙在我们脑海中,很多人甚至根本无法想象其他的定义。但其他定义的确是存在的。比如说,欧洲部分地区用"百分度"(gradian)来测量角度,一个圆等于400(而不是360)百分度,而且更契合我们的十进制系统。四分之一个圆(也叫一个直角)正好等于100百分度,这听起来比随心所欲的"90度"合理多了。

人们从很久以前就开始把一个圆划分成360度,为什么选择了360这个数字?具体的原因早已被历史湮没。不过关于这个问题,有两个听起来很合理的原因,合理到了你很难想象现在的局面真的跟它们无关的程度。

第一个原因和一个数的因数有关。我们谈论整数的时候,因数指的是你可以用这个数把原来的整数等分,没有余数。比如说,数字10有4个因数:1,2,5和10。这意味着我们可以把10等分成1个10,或者2个5,或者5个2,或者10个1。

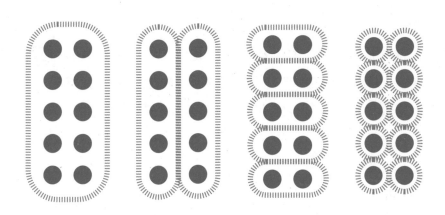

一个数字的因数多是件好事，这意味着你可以轻松地把它拆分成相等的几个部分。在角度和旋转的领域里，这意味着我们可以用整数很好地描述几分之一圈。比如说，半圈等于180度，三分之一圈就是120度。十进制系统讨厌被分成3份，因为3不是10的因数：一个圆的三分之一圈会变成尴尬的133.333333…百分度。

360这个数有多少因数呢？**很多！** 事实上，从1到10的每个数字，除了7以外，都是360的因数（360也是拥有这一特性的最小的数）。如果你继续往下数，你会发现360拥有24个因数，考虑到它的前一个数（359）只有2个因数，后一个数（361）有3个因数，这个成绩不能算差了！

所以，这是选择360的第一个原因： 它可以干脆利落地分成很多份，这种特性在某些情况下非常有用。但我必须说的是，还有第二个原因，我们可以从中看到360和恒星之间的关系。几百年来，人类一直利用恒星在大海中导航。因为没有可靠的物理地标，水手们不得不依靠唯一不变的特征——头顶的天空，来确定自己的位置。

但在利用恒星确定位置的过程中，这些天体导航的先驱很快发现了一个问题。恒星不是恒定不变的，从我们的角度来看的确如此。好奇的观察者哪怕用肉眼也能发现这个事实，不需要什么望远镜，只要你有耐心等上几个小时。

恒星之所以看起来在动，是因为地球——观察星空的我们生活在这里——本身不是静止的。初学者可以简单地理解为，地球像孩子的陀螺一样绕轴旋转。所以我们观察恒星的视角就像是坐在旋转木马上往外看：你周围的集市可能是静止的，但它看起来在动，因为我们观察它的视角一直在变。如果用一台相机对准夜空，并让镜头曝光足够长的时间，你会看到恒星"运动"拉出的弧形轨迹。

真正在动的是我们，我们不断绕轴旋转、转换视角。

如果你在某个定点上拍一张恒星照片，然后等到一小时后再拍一张，你会发现，星星的位置变了。但要是你等上24个小时，这些星星又会"回到"你昨天看到的位置。

呃，大差不差吧。这是因为除了自转以外，地球还在做另一种运动。我们的行星绕着太阳公转，这一运动完全独立于它的自转。这意味着哪怕你在每一天中完全相同的时间，比如说午夜，拍摄夜空照片，地球的公转也会让你看到另一片不同的夜空！

不过，经过一段固定的时间以后，你会发现自己回到了起始位置（相对于太阳的起始位置；太阳本身也在宇宙中运动，所以实际上你和起点之间的距离已经错开了好几百万千米，但你看到的星空几乎还是原来的那片）。到底

要多久？呃，就是地球绕太阳转一整圈花费的时间，巧合的是，它只比便利的360多几天。

要把地球的圆轨道划分成相等的360份，还有比这更好的理由吗？就像因数多这个特点还不够一样，就连天体也来帮忙，非要把360定义成完整一圈的度数不可。

测量角度帮助我们揭开了世界上许多精彩的秘密。比如说，古希腊数学家埃拉托斯特尼利用几个关于角度的简单事实以惊人的准确度算出了地球的周长。

住在亚历山大的埃拉托斯特尼收到了一位朋友从更南边的赛伊尼写来的信。这位朋友在信中写道，夏至日的正午，他在城中一口很深的井底看到了自己的倒影，而且太阳的形状完全被他自己的影子挡住了。

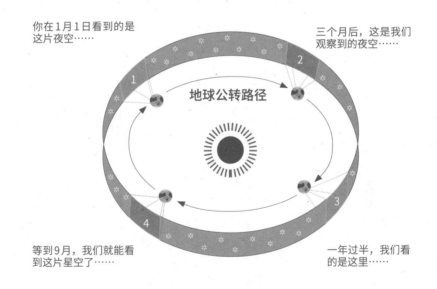

埃拉托斯特尼知道地球是球形的，虽然有传言称，"地圆说"诞生的年代比这晚得多。这个事实背后的推理过程非常简单：每次你看到地球投在月亮上的影子，它都是圆的。只有一种形状能从任何方向都投下圆形的影子，那就是球形。但谁也不知道的是，地球这个球体到底有多大。

但埃拉托斯特尼的朋友写来的信可以帮助我们解开这个谜团。埃拉托斯特尼意识到，朋友的观察结果意味着，夏至日的正午，太阳恰好位于赛伊尼的正上方。

他把这个结果和另一个事实结合了起来。同一天的同一个时间，在他自己生活的亚历山大城里，埃拉托斯特尼观察到，一根棍子在地面上投下了短短的影子，他由此算出，这根棍子与阳光之间的夹角是7.2°。

看到这里，你也许还没像埃拉托斯特尼一样恍然大悟。其实我也没有，所以请容我试着解析一下他解决这个问题的几何思路。

如果你愿意的话，其实你可以在家复现这个实验的一部分：只需要两根火柴棍，一点蓝丁胶，一盏小灯（比如说一只手电筒，或者你手机上的闪光灯），还有一间黑屋子！

在两根火柴棍上分别涂点蓝丁胶，然后把它们竖在一个平面上。拉上窗帘，打开你的小灯，然后把灯放在火柴棍的正上方，看看你能否观察到它们投下的影子。

你也许能看到很小的一团影子，但随着你的灯越举越高，离火柴棍越来越远，你会发现这些影子基本上消失了。你模仿的是太阳高挂头顶的正午。来自太阳（你的手电筒）的光照在火柴棍头上，几乎不会留下影子。

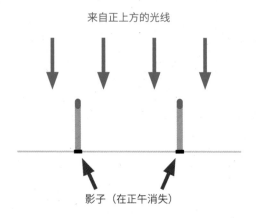

现在，把灯挪到火柴棍侧面，观察影子随之发生的变化。影子会变长，这种现象我们看到过太多太多次，所以几乎觉得天经地义，但请和我一起想一想，影子为什么会变长？你明白了吗？这是因为光线和火柴棍之间的角度变了。

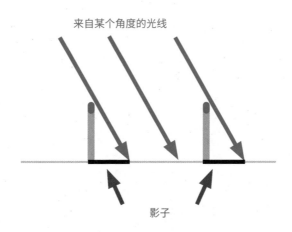

在这两种情况下，我们都观察到，两根火柴棍形成的影子完全相同，因为它们朝着同一个方向。只要光源足够远，火柴棍所在的表面足够平坦，就必然出现这样的结果。但要是它们不在一个平面上呢？

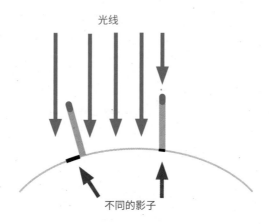

为了在家里模拟这种情况，我找了个足球，但你也可以用碗底或者其他

什么弯曲的东西。两根火柴棍竖在曲面上，它们的朝向必然有所区别，所以哪怕它们沐浴着同样的光线，也可能一根火柴棍有影子，另一根没有。埃拉托斯特尼意识到，这正是他和朋友之间的情况：没有影子的火柴棍就像赛伊尼的那位朋友（井口正对太阳），而另一根火柴棍就像埃拉托斯特尼在亚历山大观察的那根棍子。它投下的影子表明，这根棍子与太阳之间存在细微的角度差。

思考一下足球上的火柴棍。两根火柴棍在自己的位置上看起来都是垂直的，这也意味着它们分别指向足球的球心。同样地，既然赛伊尼的井和亚历山大的棍子在自己的位置上都垂直于地面，这意味着它们分别指向地球中心。

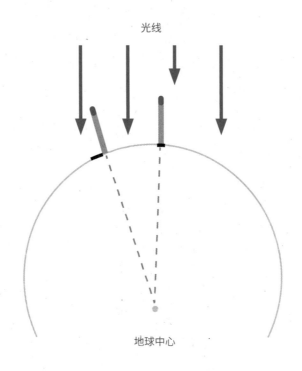

不过，只要运用几何知识对眼下的情况进行推理，我们就能揭示这个简单的事实如何成为计算地球周长的关键所在。埃拉托斯特尼利用棍子的影子测出的角度差——7.2°，正好等于两条通往地心的延长线之间的夹角。因为阳光（我在下面的示意图中分别记作 AB 和 CD）互相平行，而"平行线之间的内错角相等",这有没有唤醒你对几何课的记忆?

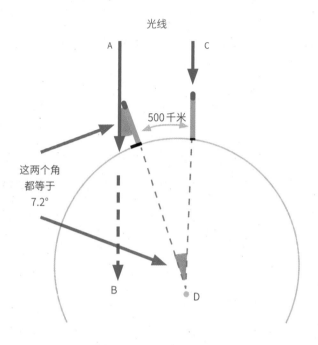

7.2° 正好等于一个圆(360°)的1/50,这意味着只要我们知道亚历山大和赛伊尼之间的距离,那么只需要把它乘以50,就能算出地球的完整周长。

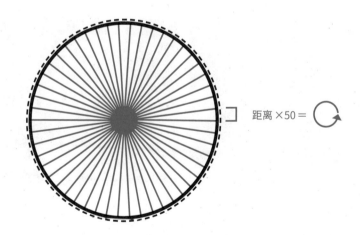

埃拉托斯特尼的确知道两地之间的距离,当时的商人仔细测量过这条商路,所以他用这个数乘以50,得到的答案是44100千米。他的计算误差只有

10%，考虑到那是两千多年前，而且这个数字完全是在实验室里算出来的，这个结果不算坏了。

所以，离我们最近的恒星——太阳，帮助我们算出了我们这颗行星的尺寸，这完全是因为地球是圆的。转了这么一大圈以后，我们回到了最初的问题：如果太阳这样的恒星和地球一样是圆的，那我们为什么总要把它们描绘成尖的呢？

这个问题的答案既出人意料又美不胜收。

除了我们的太阳以外，天空中我们肉眼可见的所有恒星看起来都很小，在黑暗的夜空中，它们只是一个个光点。因此，我们眼中恒星的形状其实取决于星光在奔向我们的旅途中被扭曲、衍射的方式。在光传到我们眼里之前，挡在这条路上的任何物体都会轻微地扭曲它的模样，具体的变形取决于障碍物的形状。所以，一条垂线会让经过它的光变成下面示意图里那样的虚线图案：

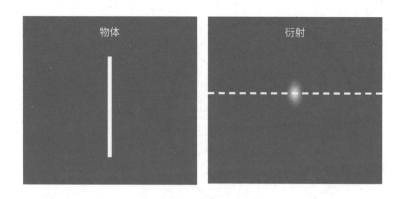

而圆的障碍物会让光衍射成这样的光晕：

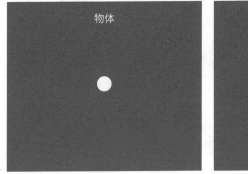

正多边形（例如正六边形）产生的图案就很像"星形"：

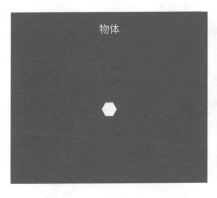

　　当我们仰望夜空时，这些星光到底穿过了什么形状的障碍物？答案是你的眼睛。我们常常忘记自己的眼睛不是工业制品，而是拥有特定结构的活生生的有机器官。与星光有关的结构正是眼科医生所说的"缝合位"（suture line），也就是眼睛里各种纤维交会接头的地方。眼睛的肌肉围着你脑子里这对球形器官生长，最终和一大堆血管及其他生理支持结构融为一体，由此形成缝合位。事实上，这些缝合位是星形的，正是因为你的视线必然透过这些星形结构，所以你在现实中看到的恒星才会呈现出熟悉的星形。

第16章

不足，刚够，有余

在上一章中，我们讨论了360这个数字，以及它如何凭借因数众多的优势成为整圆度数的绝佳选择。有的数字有很多因数，与此同时，另一些数字的因数很少，这个概念似乎有点深奥，但正如我们在"牢不可破的锁"那章中看到的，它在密码学之类的领域中有特别重要的用途。因数少的数字最极端的情况是质数，它只能被自己和1整除。安全加密、解密信息的能力是整个现代经济的基础，而且究其本质，我们所有的加密手段都基于对质数的运用，所以我们可以毫不夸张地说，数学的这个领域改变了世界。

人们之所以会花费大量精力研究这个领域，有一部分是因为它的实用价值——但正如其他所有数学领域一样，这也仅仅是一部分。

这里或许可以打个比方。自从有了称手的工具，人类就开始在地球上采矿了。这样的挖掘主要是为了寻找有实际用途的财富：一条油脉，或者一座宝石矿。但有的洞穴探险家之所以握着小手电深入黑暗边缘，完全是出于好奇。他们不光要寻找有用的东西，还单纯地想知道自己会发现什么：也许是某种独特的地质结构，或者一个新的动物物种，甚至只是一片美景。这方面我最爱的一个例子是人们在墨西哥奇瓦瓦的奈卡矿井里发现的水晶洞。那梦幻般的景象仿佛来自孩子的美梦，**但它是真的。**

同样地，数学家探索未知不仅仅是为了寻找有用的东西（例如加密信息的能力，或者预测行星和恒星运行轨迹的能力），也是因为他们渴望看到某些非同寻常或者出乎意料的事情。我们现在要介绍的数学领域——它叫"数论"——里就充满了这样的东西。

数论研究的是"自然数"——也就是从1，2，3开始无限延伸的整数。我们之所以叫它自然数，原因显而易见：你数东西的时候只会用到这些数。开始算数以后，你还会遇到其他各种各样的数字：当你开始对自然数做减法、除法、开平方之类的运算，负数（-1，-2，-3，…）和分数（1/2，3/4，5/8，…）就是这样算出来的。但数论明确排除了这些新鲜玩意儿，因为光是自然数的领域里就有足够多的趣事等待我们去探索！

现在我们回过头来说因数，从因数的角度来看，我们很容易把自然数干脆利落地分成三种。

有的数字有且仅有2个因数，我们称之为质数：

2的因数是1和2；

3的因数是1和3；

5的因数是1和5；

7的因数是1和7；以此类推。

有的数字拥有2个以上的因数，我们称之为合数：

4的因数是1，2和4；

6的因数是1，2，3和6；

8的因数是1，2，4和8；

9的因数是1，3和9；以此类推。

还有一个数既不是质数也不是合数，它就是数字1。1只有一个因数，也就是它自己。由于这个分类只有一位成员，所以它甚至没有专门的名字。

你可能觉得把1单独分成一类有点奇怪——这样想的人不止你一个。还记得质数概念的人有个普遍的误解，他们往往会告诉你，1也是质数。这不能怪谁，对质数最通用的描述是"它们只能被1和它自己整除"，1显然符合这个条件。就连我自己都在本章开头说过这句话。但描述不等于定义，我可以把人类描述成"有心的动物"，但这并不意味着人类的定义就是拥有心的动物。而质数的定义是，它必须拥有2个因数，既不能多也不能少。

我们为什么要这样做？为什么不干脆把1定义成质数，这样不就舒服方便多了？这涉及我将在下一章中介绍的一个非常基础的概念——"数字周期表"。

现在，我们先来看质数与合数的区别。如果你把它们看作两个完全闭合的类别，那么自然数的宇宙可以画成这样：

换句话说，这两个类别之间没有任何联系！但在本章开头，我们提到了360这个数的特性，它如何拥有2个以上的因数，确切地说，是远超过2个的因数，而且比它周围的数都多。所以，这个数字宇宙开始有点分化了，它看起来更像这样：

| 质数 | 不是很合的合数 | 适度的合数 | 超级合数 |

也就是说，数字不仅分为质数和合数，有的数字复合程度比其他数字更高，我们可以把这些拥有更高"复合度"（这是我生造的说法）的数字单独拎出来。衡量复合度的方法有很多，但我只想向你演示一个简单的主流方法：你只需要懂得加法和除法就行。

我们先从前20个自然数开始。如果你很心急（或者想让某位亲朋好友忙一小会儿），你可以自己完成下面这个部分。我们想算出每个数的所有因数，也就是说，每个数可以被哪些数字整除，不会留下任何余数？最终结果如下：

数字	因数	数字	因数
1	1	11	1, 11
2	1, 2	12	1, 2, 3, 4, 6, 12
3	1, 3	13	1, 13
4	1, 2, 4	14	1, 2, 7, 14
5	1, 5	15	1, 3, 5, 15
6	1, 2, 3, 6	16	1, 2, 4, 8, 16
7	1, 7	17	1, 17
8	1, 2, 4, 8	18	1, 2, 3, 6, 9, 18
9	1, 3, 9	19	1, 19
10	1, 2, 5, 10	20	1, 2, 4, 5, 10, 20

你可以清楚地看到，有的数字因数特别多，另一些则不然。要从麸皮里筛出麦粒，接下来你得把每个数的因数加起来。

数字	因数之和	数字	因数之和
1	1	11	12
2	3	12	28
3	4	13	14
4	7	14	24
5	6	15	24
6	12	16	31
7	8	17	18
8	15	18	39
9	13	19	20
10	18	20	42

一个数的因数越多，它的因数之和就会越大。但更大的数字算出的和必然更大，哪怕它没那么多因数，因为每个数都被它自己整除。比如说，19只有2个因数，加起来等于20，而6有4个因数，但它们的和只有12。

为了克服这个问题，数学家提出了"过剩指数"（abundancy index）的概念——它等于某个数的因数之和除以它自己。为了让事情变得更清楚一点，我们也可以把过剩指数写成百分数的形式。以数字18为例，请容我演示一下这个概念是怎么回事：

18的因数是：1，2，3，6，9，18

这些因数之和等于39

18的过剩指数等于39÷18

= 2.16666…

= 216.666…%（以百分数的形式）

≈ 217%（百分位取整）

请看数字1 ~ 20的过剩指数：

数字	指数	数字	指数
1	100%	11	109%
2	150%	12	233%
3	133%	13	108%
4	175%	14	171%
5	120%	15	160%
6	200%	16	194%
7	114%	17	106%
8	188%	18	217%
9	144%	19	105%
10	180%	20	210%

于是我们可以基于**"过剩指数"**对这20个数进行排列——从高到低是
这样的：

12，18，20，6，16，8，10，4，14，
15，2，9，3，5，7，11，13，17，19，1

从中我们可以观察到一些很重要的事情。首先，请注意，这个数列里靠前的所有数字，所有过剩指数高的数字，**都是偶数**。事实上，除了数字2以外，这个数列可以规整地分成两半——上面的偶数行和下面的奇数行。但除此以外，下面那行数字真的非常重要：事实上，你可以看到，在数列的第二行，所有质数以完美的升序排列（除了数字1以外）。

截至目前，我们一直在用这个名叫"过剩指数"的概念衡量数字。因为指数高于200%的任何数字都被称为"盈"数（abundant number），而指数低于200%的数被称为"亏"数（deficient number）。在这个定义下，前20个数里只有3个盈数：12、18和20。只有一个数被称为"完美"数（perfect number），因为它的指数既不大于也不小于200%——正好等于200%。所以，从因数的角度考量，数字的"闭集"看起来是这样的：

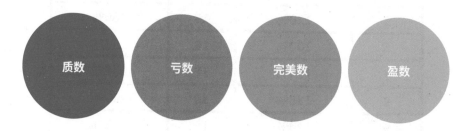

现在我们建立了一个衡量数字因数多寡的标准，所以我们可以回到这趟旅途的起点——数字360。它显然是个盈数，但到底有多盈呢？呃，我们不妨算一算。首先，我们找出360的所有因数并求和：

$$1+2+3+4+5+6+8+9+10+12+15+$$
$$18+20+24+30+36+40+45+60+$$
$$72+90+120+180+360=1170$$

然后我们用因数之和（1170）除以它自己（360），结果如下：

$$1170/360=325\%$$

哇哦，这个值高于1~20的所有数字。事实上，360的过剩指数高于
1~1000的所有数字，它是1~1000之间盈度最高的数，没有例外。如果
可以把它单独分成一类的话，360就是"超盈数"！

第17章

数字周期表

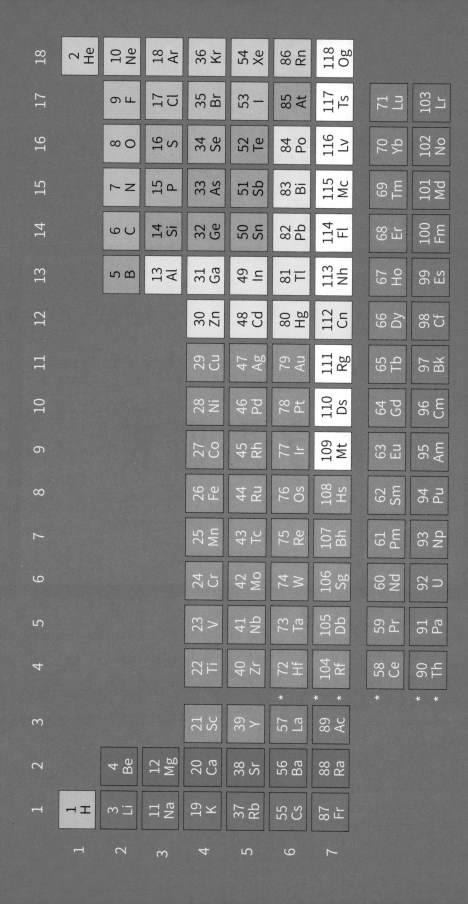

对化学家来说，19世纪是个既激动人心又令人困惑的年代。电池和分光镜之类的科学新发明让人们在相对较短的时间里陆续发现了一系列新元素。人类的化学知识库壮大了，这固然是一种进步，但知识库里的书架似乎变得越来越杂乱无章，这又让人感到不安。秩序和简单的法则本应是科学的典型特征，但化学却越来越乱七八糟。

德米特里·门捷列夫就生活在这样一个年代。1834年门捷列夫出生在西伯利亚一个名叫沃克尼阿达雅尼的村庄，这个距离莫斯科超过2000千米的小镇看起来完全不像个孕育科学天才的地方。但门捷列夫的发现如惊雷般改变了人类看待组成宇宙的基本物质成分的方式。门捷列夫时代的化学家认识大约60种元素，差不多相当于我们现在所知的元素种类的一半。但每种元素为什么会展现出人们观察到的特性，当时学界几乎没有达成任何共识。为什么有的元素能有效导电，另一些却不能？为什么有的元素沸点很高，另一些则不然？谁也无法对所有数据给出特别令人满意的合理答案。

直到门捷列夫横空出世。他灵光一闪的发现是：如果将所有元素按照原子量排序，那么它们的特性似乎是周期性变化的。当时门捷列夫的想法并不完善，但有赖于现代学界对原子核以及原子核内带正电的亚原子粒子（质子）的认知，如今我们完全可以理解门捷列夫观察到的周期特性。

锂（3个质子）、钠（11个质子）和钾（19个质子）都是易反应性物质——它们如此活泼，哪怕遇到水都会发生爆炸。反过来说，氦（2个质子）、氖（10个质子）和氩（18个质子）的惰性极强，甚至因此获得了"惰性气体"的称号，因为它们几乎不会和其他元素发生任何反应！在这两个例子里，我们都看到质子数差值为8的元素展现出了相似的特性。稍后这个规律会变得略微复杂一点，但它的基本理念不变：化学特质有周期性，即随着质子数的增加，原子与较轻的"表亲"类似的特性会反复出现，这是个可预测的趋势。

门捷列夫把当时他所知的元素放进一张表格，并把相似的元素排成一列。然后他发现，表格里存在空白，这意味着有些元素还没被人类发现，但按照他的模型，它们理应存在，他甚至能预测这些未知元素应该具备的化学特性。

我们今天所知的
元素周期表就是这样诞生的。

化学受益于数学领域的见解。从每种元素的质子、中子和电子数到门捷列夫在他那张著名的表格中展现的元素周期性行为和特性，数学家的视角让我们对化学的许多方面有了最深刻的理解。但人们常常忽略的是，反过来也一样。数学同样受益于化学领域的见解——尤其是把元素和质数对照起来看。

我们日常生活中接触到的很多物质都是化合物，而不是化学元素。元素指的是碳、氧、氢这样的物质。化合物则是水、甲烷和乙醇之类的东西，它们由不同数量的化学元素以不同的结构排列组合而成。比如说，众所周知，水由2个氢原子和1个氧原子组成。甲烷拥有1个碳原子和4个氢原子。乙醇也就是酒精，拥有2个碳原子、1个氧原子和6个氢原子。其他化学物的名字更是清清楚楚地说明了它们的构成：著名的温室气体二氧化碳正如其名，由1个碳原子和2个氧原子组成。

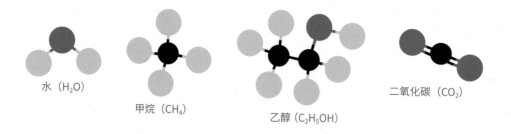

水（H_2O）　　甲烷（CH_4）　　乙醇（C_2H_5OH）　　二氧化碳（CO_2）

化学元素组合形成化合物，
质数也可以用同样的方式组合形成合数。

在"不足，刚够，有余"那章中，我们讨论了合数，它的定义是拥有2个以上因数的数字，但要理解合数，这种方法其实绕了一点。更简洁的方法是把合数看作数学领域的化合物：它们由质数组合而成。

请让我向你演示一下我是什么意思。我们需要回顾上一章中介绍过的"因数分解"的概念。看看最前面的几个合数，我们可以只用质数把它们都分解掉，这样的质数叫作一个数的"质因数"。老规矩，我们还是来看1～20：

数字	质因数分解	数字	质因数分解
1	1	11	11
2	2	12	$2^2 \times 3$
3	3	13	13
4	2^2	14	2×7
5	5	15	3×5
6	2×3	16	2^4
7	7	17	17
8	2^3	18	2×3^2
9	3^2	19	19
10	2×5	20	$2^2 \times 5$

正如每种化合物都有自己独特的结构方程式，展现它由哪些不同的元素构成，每个合数也有自己独特的质因数分解，展现它由哪些质数组成。

这个概念如此重要，以至于它获得了一个很好听的名字——算术基本定理。这条定理的正式表述如下：

每个大于1的整数，要么它本身是质数，要么它是一系列质数的积，而且这些质数的组合是唯一的。

这意味着从2开始的所有整数要么是质数，要么可以写作一组质数的乘式，而且这组质数是唯一的。

质因数分解的"唯一性"是个重要而且多少有些出乎意料的特性。它的出乎意料之处在于，正如我们在上一章中看到的，合数进行因数分解的组合往往有很多种。比如说，84可以简单地写作4×21、6×14或者7×12。但是，正如你将在下一页里看到的，如果我们继续把它分解到只剩下质因数为止——那么我们最终得到的一定是相同的一组质数。每个数字都有独一无二的质因数组合，就像每种化合物都有独一无二的分子式。

有趣的是，这正是我们没有把1定义为质数的主要原因。如果1是质数，那么算术基本定理就被打破了——因为84的质因数分解结果不再是唯一的。除了$2^2×3×7$以外，我还可以（正确地）说，$84 = 1×2^2×3×7$，或者$84 = 1×1×2^2×3×7$，以此类推。每个数的质因数组合将有无穷多个，而不是一个。

算术基本定理也可以反过来说。讨论元素周期表的时候，我们可以很轻松地把两种元素放到一起比较，它们最本质的特征是质子的数量。宇宙中每一个拥有6个质子的原子必然是碳。你可以取一个这样的碳原子，增加或移除它的电子：你会得到一个离子，它和碳原子有细微的区别，但依然是碳。你还可以再取一个碳原子，增加或移除它的中子，你会得到一个同位素原子，它和原始的碳原子也有细微的区别，但依然是碳。

但是，如果增加1个或2个质子，你就会得到一个完全不同的元素。增加1个质子，碳会变成氮，它的特性和碳区别很大。增加2个质子，你会得到氧。这个过程如此困难，实际上它只会发生在恒星中央，那里的温度和压力都是天文数字——为核聚变的发生提供了必要的条件。

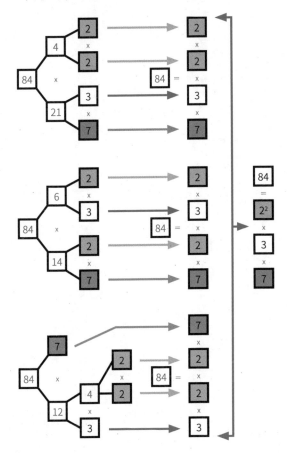

以此类推，乘一个质数，你会得到一个全新的合数。就像碳变成氧一样，3×7的结果是21——这个全新的数字拥有截然不同的特性。但如果1是质数，那不会很奇怪吗？你可以用3乘以1，只要你乐意，随便乘多少次都行，最终的结果永远都是最开始的那个数：3。既然无论乘多少次都无法对一个数造成根本性的改变，它怎么配得上"质数"的称号！

数字的宇宙无边无涯，谢天谢地，你不需要深入恒星中央也能制造出新的数字。你只需要在大脑这台熔炉里把数字融合在一起，想融合多少个就融合多少个。

第18章

渴望规律的眼睛

20世纪70年代初，水门丑闻淹没了美国政治，彻底改变了人们看待总统的眼光。时任美国总统理查德·尼克松被发现严重违法，而且他还安排了一场大戏掩盖整个违法事件。这一事件为什么会对大众心理产生如此深远的影响？部分原因在于公众看到的事件发展过程一波三折。

水门事件的新闻刚爆出来的时候，大部分人觉得这只是一件无足轻重的小事，很快就会消失在新闻的视野之外，就像普通一天里的其他琐事一样。随着调查的深入，人们意识到这件事不会很快结束，主流观点认为水门事件正在成为一场捕风捉影的猎巫。堂堂的国家元首竟然是个肆意参与叛国行动的犯罪分子，而且滥用特权践踏正义？几乎没人能容忍这种事情。有一段时间，那些相信尼克松总统有罪的少数派被视为怪人和阴谋论者，他们捏造的荒谬故事毫无可行性，更不可能是真的。

直到剧情彻底逆转，每个人最深的恐惧突然成真。经过一系列堪比好莱坞大片的波折和反转，令人震惊的真相终于浮出水面——那些阴谋论者才一直是对的。

水门事件是阴谋论时代的转折点。在那之前，相信暗语、秘密社团和政府掩盖真相的人往往被视为疯子。但水门事件迫使大众承认，哪怕那些看起来最荒诞不经的说法有时候也可能是真的。

阴谋论为什么在全世界的每个角落长盛不衰，隔一阵子就冒头？对于这个问题，数学有自己的答案。令人惊讶的是，它让我们看到，阴谋论者的磨坊永远不会缺少原料。我们在数据自然形成的海洋里游弋，这片海洋和我们的世界所具备的天性决定了阴谋论者永远可以指着某些东西说，这正是我们眼皮子底下那些可疑行为和秘密存在的"证据"。

为了理解这一切是如何发生的，我们不妨先思考一个孩子们玩的非常简单的解谜游戏，你肯定听说过，它叫：

找单词。

我曾花费大量时间玩这个游戏。在成长的过程中，我甚至有一本专门的找单词解谜书（现在我意识到，它是我妈对我不胜其烦的时候给自己找清静的重磅武器之一）。

找单词的谜题看起来是这样的：

Q	E	D	L	V	V	G	D
J	C	Y	G	I	B	Y	J
G	O	H	B	O	E	H	S
R	E	D	Z	L	C	J	G
E	C	Y	L	E	U	Q	S
E	F	O	A	T	M	E	L
N	W	O	R	B	H	L	W
D	X	O	N	A	K	P	D
L	S	Q	B	D	N	W	N
E	I	I	N	D	I	G	O
M	Y	L	Z	C	G	N	E

这个谜题里藏着彩虹的全部七种颜色：

红（red）、橙（orange）、黄（yellow）、
蓝（blue）、绿（green）、青（indigo）和紫（violet）。

有的单词需要横着找，有的要竖着读，甚至有的单词藏在斜线上。小心，

还有的单词是反着写的（从右到左，而不是从左到右）。作为额外的奖赏，这张表里还藏着另一种我没说的颜色，试试看，你能不能找到它！

自己创造一个找单词谜题并不难。我出题的时候只是画了张空白的表格，然后把我想要添加的单词一个个添加进去。完成这一步以后，我只需要用一系列随机的字母填满空格就行。砰——变！找单词谜题出现了。

但是，如果我跳过第一步——在谜题中加入我的单词，那会怎样？如果我出一个完全由随机字母构成的谜题，那会发生什么？下面这张3×3的表格就是个例子：

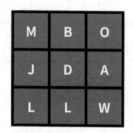

不出所料，它看起来完全不知所云。事实也的确如此，不管你怎么看，都无法在这张表格里找到任何英语单词。可是现在，如果我分别增加一行和一列，看看会发生什么：

如果你从第一行的B开始，顺着斜线滑向右下方，显然，你会看到"坏"

（bad）这个单词一下子蹦了出来！不仅如此，从第二行的第二个字母开始，从左向右读，你还会找到第二个词——爸爸（dad）。这堆随机字母是不是想说，我不是个好爸爸？！

如果我再增加一行和一列，让它变成一张5×5的表格，你甚至会看到更多单词自然地出现。除了"坏"和"爸爸"以外，我还看到了"里面"（in）、"做"（do）、"不"（no）、"泽德"（zed）、"是"（be）、"命令"（bade）和"麻烦"（ado）。单词的数量直线上升！

M	B	O	U	N
J	D	A	D	O
L	L	W	D	Z
N	N	V	B	E
C	I	L	S	D

这到底是怎么回事？我没有刻意在这张表格里写下任何单词，下面的两张表格是以同样的方式随机创建的，每张表格里同样充满了单词：

O	N	B	Q	A
Y	N	O	P	J
Q	T	U	T	V
E	Y	U	M	S
G	O	L	P	H
X	Y	A	Y	U
R	F	U	V	E
L	V	C	J	R
K	A	B	Q	L
U	R	S	R	G

E	A	O	X	C
L	D	F	A	F
F	P	M	Z	J
E	O	O	D	U
G	X	K	Y	R
L	A	H	R	E
R	O	P	S	D
N	Y	Q	N	B
W	L	F	U	N
K	L	B	W	P

在左边这张表里，我能找到：小马（pony）、公牛（ox）、木材（log）、不是（not）、色彩（hue）、哇（yay）和水疗（spa）。

右边的表里有：小精灵（elf）、公牛（ox，它出现了三次！）、前度（ex）、凸轮（cam）、做（do）、红（red）、有趣（fun）、空隙（gap）、哦（oh）、瞧（lo）和不（no）。

你观察到的这种现象叫"无序的不可能性"（impossibility of disorder）。

混沌之海里必然存在有序的岛屿——

只要这片海足够大。

我们刚才亲自证明了这个论断：3×3的表格里一个单词都没有，但随着表格变大，避免单词出现变得十分困难。

研究这种情况的数学分支叫作**拉姆齐理论**（Ramsey theory），这个名字来自英国数学家兼经济学家弗兰克·P.拉姆齐。读者里可能很少有人接触过这方面的数学，因为它所属的领域叫作图论（graph theory），澳大利亚所有的数学必修课都没有涉及图论。

如果说学校里教的数学像一趟悉尼之旅，那么代数就是歌剧院，每个人最终都会去看它。从另一方面来说，图论就像你家附近的便利店，它不是游客爱去的地方，只有一小撮人对它有所了解。和便利店一样的是，这些人之所以了解它，是因为它能帮助他们解决日常问题。

拉姆齐理论最清晰的范例是一个名叫**"派对问题"**（Party Problem）的场景。办过派对的人都知道，确定宾客名单是一件难事。当然，你邀请的所有人都是你的朋友，但他们彼此之间是否存在友谊呢？图论是研究关系的数学，它能帮助我们理解事物通过特殊关系彼此联结的任何情况。比如说，铁路线串起郊区，电线连接房屋，友谊凝聚人群。

举个例子，假如你希望派对上有至少三个人要么互为朋友，要么互不相识。在这两种情况下，你都可以保证他们聊得起来。如果这三个人互相认识，那他们会像着了火的房子一样一拍即合。如果三个人全都是初次见面，那他们可以在你的派对上认识彼此。大家肯定能玩得开心！

图论帮助我们理解、解决这个问题的第一条路是，它为我们提供了用数学形式来描述这种局面的途径。生活中的某些问题之所以难以回答，是因为你甚至很难厘清局面。但是，如果我们能用简单的示意图提炼出关键的细节，问题就解决了一半。

下面的两个圈代表派对上的两个人。如果二者之间是实线，那代表他们互相认识，虚线代表互不相识。

A和B是朋友   A和B是陌生人

利用这件工具，我们可以用示意图画出任意人际关系的"派对"，无论他们是否相识。如果除了A以外，我们还请了5个人来参加派对，那么这位特定的客人（在这个例子里是A）和其他客人的关系有12种基本组合。在这12种情况下，你都能看到有三个人的小团体被标亮了——他们要么互为朋友，要么互不相识。

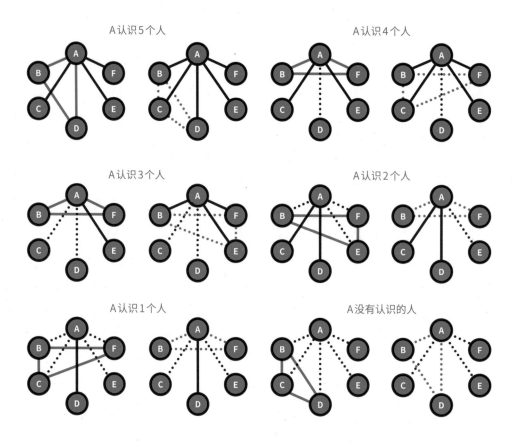

因为我们总能找到三个互相认识或者互不相识的人，这意味着只要你邀请至少6个人，就一定能找到这样的小团体。如果你想知道上面的示意图是怎么画出来的，我们又如何证明6是确保这一情况出现的最小数字，请直接跳到"在法庭里审判数字"那章。

这和我们的找单词谜题或者阴谋论者又有什么关系？呃，拉姆齐理论告诉我们，随着组合结构（combinatorial structure）——它可能是一群朋友，也可能是一张找单词的表格，甚至是报纸上的一篇文章——的膨胀，必然会出现特定的结构和"规律"。所以当我们的表格膨胀到一定的尺寸，英语单词就会凭空冒出来。

进一步说，很多阴谋论也正是这样开始的。只要数据库够大，渴望寻找规律的眼睛总能发现看起来可疑的东西。

数字命理学家是一群总在数字中寻找规律的人，他们擅长将重要的意义赋予特定的数字。2017年，数字命理学家度过了一个狂欢日，在那一天，音乐家杰斯（Jay-Z）发布了一张名为《4∶44》的专辑，主打歌也与之同名，这位歌手兼创作人似乎在这个时间醒来然后写了这首歌。

一位数字命理学家认为，这首歌的名字与杰斯的私人生活关系密切："他老婆的生日是4日，他妈妈的生日是4日，他自己的生日也是4日，而且他是在4日结婚的。"这当然是个惊人的规律，但拉姆齐理论明明白白地告诉我们，在这个拥有70亿人口的世界上，这么巧合的事情必然会在某个地方发生。（归根结底，一年里有12个4日——这意味着现在活着的人里至少有2.3亿人出生在4日，这些人里还会有相当一部分互相结了婚！）

拉姆齐理论宣称，结构必然会自发地从混沌（只要它的规模够大！）中浮现，有时候它会以最出乎意料的方式出现在我们的日常生活中。比如说，苹果发布iPod的时候就遇到了超乎预期的自发式结构。虽然在那之前，便携式音乐播放器已经存在了很多年，但iPod问世以后，无论走到哪里都能调用自己全部音乐库的人出现了大幅增长。CD播放器一次只能装一张专辑，iPod

突破了这个限制，人们可以轻轻松松地把成百上千首歌放进口袋。

标志性的iPod →

iPod shuffle同样拥有这个新特性，除此以外，它的特点是随机播放。这个型号的iPod设计理念是从内置曲库中随机挑选歌曲播放，实际上它也是这样做的，但世界各地的用户开始报告它的奇怪行为。"我的iPod会捣乱，我的曲库里有几十位音乐人的作品，但它会时不时一口气连播四五首同一个乐队的歌！"他们觉得自己的播放器出了问题，不再像广告上宣称的那样"随机播放"。有人甚至提出了一套理论：他们认为自己的设备似乎有自己的性格，它特别偏爱某些音乐人。"我怎么从来没听到过曲库里麦当娜的歌……我的iPod似乎痴迷于喷火战机乐队！"

在拉姆齐理论的指导下，我们认识到，这样的结果其实完全可以预见。如果你听了几百个小时随机播放的歌曲，那你早晚会连续听到好几首同一位音乐人的歌。你听的时间越长，这种事发生的概率就越大。就像找单词的表格越大，就越可能自发产生有意义的单词。

讽刺的是，我们之所以总能在随机中发现规律，很大程度上是因为：实际上人类特别不擅长识别什么是真正的随机。比如说，看看下面这张表格中抛硬币的结果（正面或反面）：

1	H	11	T	21	H
2	H	12	T	22	H
3	H	13	H	23	T
4	T	14	H	24	H
5	H	15	H	25	T
6	T	16	H	26	T
7	H	17	T	27	H
8	H	18	T	28	T
9	T	19	H	29	H
10	H	20	T	30	H

再跟下面这张表比对一下：

1	T	11	H	21	H
2	H	12	T	22	H
3	H	13	H	23	H
4	T	14	T	24	T
5	H	15	T	25	H
6	T	16	H	26	T
7	T	17	T	27	T
8	T	18	H	28	H
9	H	19	H	29	T
10	H	20	T	30	H

剧透警告： 这两张表格中有一张其实不是抛硬币的结果，而是由一个人假装抛硬币编造出来的。你能分清它们的真假吗？

数学会告诉我们答案：因为从可能性与概率的角度来说，抛硬币这件事特别容易理解，所以我们可以相当准确地预测不同的结果序列（比如说正面后面紧接着反面，或者连续出现三个反面）出现的概率。真相是，第一张表记录的是真正抛了硬币的结果，第二张表是假的。第二张表里很少连续多次出现相同的结果，这暴露了它是人类编造的。人类认为连续四次出现正面或反面是不正常的，但要是你抛硬币的次数够多（如第一张表所示），这样的情况必然会出现。

英国命理师兼魔术师达伦·布朗在一次表演中充分利用了这种现象，当着现场摄像机的镜头，他一口气抛出了10个正面。在这个电脑合成特效的年代，大部分人觉得他肯定对影片做了什么手脚。但布朗的确没耍花招，无论是拍摄的角度还是剪辑，他真的连续扔出了10个正面。不过，为了拍到这段影像，他们花了九个多小时来拍摄，终于等到了10连正的画面！这听起来可能有点极端，但这么长的拍摄时间几乎保证了10连正的出现。如果你翻到下一页，看看连续扔2025次硬币的结果，你会发现里面连续出现正面最多的次数不是10次，而是15次！

这种数学现象还有更严肃的应用。说到概率，人类直觉地认为，任何事连续发生的概率都不大。如果在赌场里，这样的直觉一旦出错就可能引发灾难性的后果。赌博成瘾者常常报告称，他们无法自控地坚信，连续输了这么多次以后，自己总归会赢一次。这种赌徒谬误（gambler's fallacy）既不正确又很可悲，相信这种谬误的人往往会输得身无分文，因为他们的直觉错得离谱。

拉姆齐理论的这个方面与人类生理学的交叉产生的后果更加微妙。比如说著名的安慰剂效应：哪怕你吃下的药、做的治疗从生物学的角度来说对病情并无帮助，它依然有可能改善你的健康状况。这方面的记录多不胜数，所以人们在对新药做临床试验的时候，才会要求在实验组和对照组之外设置一个安慰剂组。对照组不用药，实验组使用待测试的新药，安慰剂组用的是不含活性成分的糖丸——只是他们以为自己吃的是真正的药物。

安慰剂组总会——无一例外——有人报告称，新药让他们感觉好转了，哪怕他们实际上没吃药。对他们中的某些人来说，病情好转部分是因为他们相信自己真的吃了药。人类的身体怎么会因为子虚乌有的药而出现真实的改善呢？

这是规律在发挥作用。现代人从小就在耳濡目染之下将药物和健康联系在了一起，用心理学术语来说，这叫经典条件反射（classical conditioning）。条件反射会引发真实的生物学反应，这方面最让人记忆犹新的案例来自俄国生理学家伊万·巴甫洛夫。在那个著名的实验中，巴甫洛夫只在摇铃后才给狗食物。建立了这一规律以后，只需要摇铃，哪怕没有食物，参加实验的狗也会因为期待开饭而分泌唾液。从统计学的角度来看，我们可以说，巴甫洛夫向狗群输入了数据，暗示食物和铃声之间有某种联系。

现在我们把这个理念和拉姆齐理论结合起来看。假如你开始售卖没有医学疗效的糖丸，只是给它们贴上了感冒药的标签。人们生病的时候会来买它，因为他们觉得这种有趣的新产品值得一试。根据拉姆齐理论，我们可以预测，如果购买、服用糖丸的人足够多，那么肯定会有随机的一群人在吃药的过程中症状减轻，或者比平时好得快。于是这些消费者可能会不经意地将自己的好转与服药联系在一起，哪怕他们吃的是没有疗效的安慰剂糖丸！

只要掌握了正确的观察方法，你就会发现，秩序的岛屿在混沌之海中无处不在。天空就是一个完美的舞台，它很好地展现了只要数据够多，就必然出现各种不寻常的规律。白天，你会看到，天空中的白云和鱼儿那么相像。

夜空更有力地证明了这一点：千万年来，星空给人们提供了太多机会，人们想象出来的各个星座，有着五花八门的有趣形状和故事。

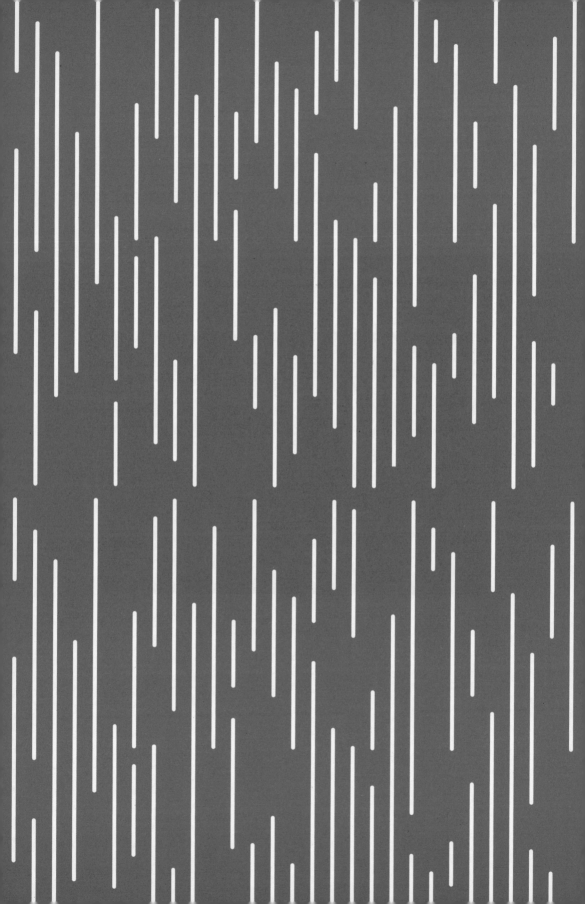

第 19 章

说到底，什么是证明？

在上一章里，我们提到了图论的概念并简单介绍了派对问题。我说过，如果你希望派对里至少有三个人互为朋友或者互不相识，那你必须邀请至少六位宾客。但我们怎么知道这是对的？我们怎么证明5个人不够，7个人又太多？

这是个很好的机会，让我们得以探索数学领域一个非常重要的概念：证明的概念。

要"证明"某件事，意味着你必须通过证据或论证来确定这件事的真假。

当然，需要证明某事的不仅仅是数学家，但我们发现，"证明"这个词在不同的语境下有不同的含义。

比如说，想想"科学证明"的概念。从启蒙运动开始，科学证明就是人类进步的基石，如果没有它，我们大概还生活在黑暗时代。科学的方法以实验和可重复的观察为基础。如果某个现象在特定条件下一定会出现，并能被其他人重复，那么大部分人会同意，该试验涉及的假说得到了科学的证明。

但是，生活中无法实现这套流程的事情不胜枚举。历史就是个再简单不过的例子：历史的天性注定了它不可能被复现。所以我们怎么"证明"过去的那些事真的发生过呢？

既然实验这条路走不通，历史学家和考古学家就另辟蹊径，建立了清晰的证据层级，用于鉴别历史理念的真伪。当我们试图以一种令人信服的方式用最准确的理论解释所有证据的时候，印刷材料、目击证词、独立信源和实物人工制品都会被纳入考量。

但科学方法和历史学方法都有重大的缺陷。这样的缺陷不可避免，它深埋在科学和历史学知识的本质之中，真实存在。

这两个领域的问题可以归结成一句话：缺乏全面的知识。就科学而言，我们求知的触角常常受到设备的限制。这就像我们虽然努力透过小小的钥匙孔向外张望，却还是看不到对面发生的所有事情，所以我们看到的图景永远不够完善。新的技术让我们看到世界的更多细节，为了更好地利用这些技术，我们会重新设计实验，由此发现的新知往往会颠覆之前的理念。技术的进步拓宽了钥匙孔，有时候甚至推开了整扇门。

这不是一件坏事——科学的进步就是这样来的！这方面的绝佳案例是千百年来我们对原子认识的变化。"原子"（atom）这个词的意思是"不可分割"，科学家们最开始提出这个名字是因为原子小得不可思议，谁也无法想象它们竟然还能拆分成更小的东西。但是，等到物理学家J.J.汤姆逊设计了一种方法来测量我们今天所知的电子的质量，新的知识才迫使我们不得不修正之前的模型。汤姆逊提出，电子在原子里应该是这样分布的：

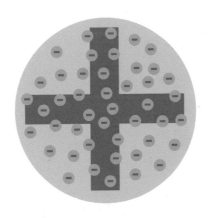

按照他的设想，带负电的电子应该均匀地分布在原子内部，就像果盘里的水果，所以他的想法被人们亲切地称为"葡萄干布丁模型"。但是，等到欧内斯特·卢瑟福通过实验证明了原子中央有一个致密的物质核，电子在它周围绕轨运行，事情再次发生了变化。卢瑟福把这个物质核命名为"原子核"，由此完成了两项壮举：卢瑟福本人成为原子物理学之父；他画的这幅图如此震撼，甚至成了整个科学本身的标志。

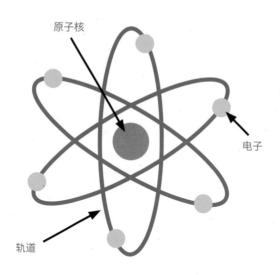

不过，这个模型后来又被更先进的设备颠覆了。利用更强大的设备，我们对原子有了更深入的认知，现在物理学家认为，电子弥漫成"云"，原子在云团中沿着形状有趣的轨道飞行，具体的飞行轨道取决于它拥有多少能量。

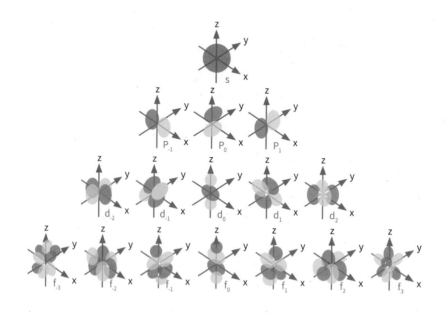

随着科学的进步，我们不断修正曾经被"证明"的模型。现在，技术的

进步让我们更清晰地了解周围发生的一切。

历史学家面临的困境与此相似，但背后的原因却有细微的差别。我们对过去的了解也不完善，因为它常常深埋在地下，或者被掩藏，因为目击证词要么从最开始就不存在，要么早已被破坏。但偶尔会有新的发现，促使我们修正曾经以为正确的史实。1870年对特洛伊城的发掘就是这方面的明证。人们曾经认为，这座城市是基于荷马的作品虚构出来的。但对土耳其这一地区的考古学调查表明，特洛伊绝不只是一座虚构的城市，它真实存在。

无论是在科学还是在历史学领域，"证明"都是个相当灵活的概念——从某个角度来看，你可以说它建立了"根据现有知识做出的最准确的判断"。它可能不够完善，但证据肯定强于迷信。以此为基础，我们这个物种获得了惊人的成就。

但数学领域的证明比科学或历史学领域的深刻得多。科学依赖实验，历史仰仗信源，数学则拥有另一种工具——逻辑。这让它在一些很重要的方面脱颖而出。

首先，这意味着任何人都能做数学证明。今时今日，科学进步多少已经成为拥有昂贵实验室的大团队的特权——不是这颗星球上的某个人单枪匹马能完成的事。反过来说，只要愿意开动脑筋去思考，任何人都能做出数学发现，你往往只需要一支笔和几张纸就行。

其次，数学证明特别经得起时间考验。随着时间的流逝，科学理论会被更好、更准确的实验修正，但数学真理不因时间而改变。所以我们在学校里学到的最古老的名字，例如毕达哥拉斯和欧几里得，总是属于数学家，因为他们总结出来的定理直到今天仍像当年一样完全成立。只要我们从数学上证明了某件事为真，那它永远都是真的。

再次，数学证明拥有普适性。我的意思是说，它在各种各样的环境下都成立，因为逻辑可以帮助我们看到，某件事不仅在特定条件下为真，而且在符合相似描述的所有条件下都为真。比如说，毕达哥拉斯定理描述了直角三角形边长之间的关系，它不仅适用于我们例题里的直角三角形，也同样适用于有可能存在的所有直角三角形。

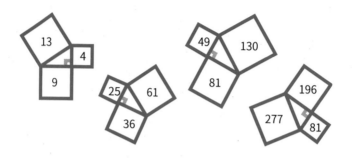

在我们考虑派对问题的时候，这一点尤为重要，因为可能存在的派对数量无限多。我们这颗行星上生活着这么多人，按照排列组合，他们有可能参加的派对数量多不胜数，考虑到这个前提条件，想保证派对上至少有三个人要么互相认识，要么互不相识，至少需要的宾客数量不多不少，正好等于6个。要下这个结论，看起来似乎有些托大。

但这正是数学逻辑的力量所在。请跟我走进下一章，看看你能否跟上它的证明过程。

第20章

在法庭里审判数字

"**全**体起立！"

大家一直在窃窃私语，议论着谁有罪，但执法官的号令打断了对话，突然每个人都陷入了沉默。你试图分辨大厅里的同伴们脸上的表情，但他们都在东张西望，试图弄清被告会从哪扇门进入法庭。

就在你站起来的时候，大厅里多了几个新人。法官和陪审团分别入座，你看到一位紧张的律师在前方的办公桌后整理笔记。就在你四处寻找被告的时候，你注意到了某些反常的事情。被告不止一个，而是整整一排，每位被告都有自己的律师，他们沿着侧墙排成一行，一路延伸到法庭门外。每位被告都穿着亮橙色的上衣，背后印着黑色粗体数字。

法官开始讲话："今天，我们齐聚于此，是为了对这一案件进行彻底的调查，一劳永逸地确定你们中的哪些人有罪。要确保派对上至少有三个人互相认识或者互不相识，应该邀请的宾客数量最少应该是几？"他审视着队伍里的每一个人。

"陪审团，"他继续说道，"你们的任务是衡量证据，做出决定。我们这里有很长一串嫌疑人名单，有必要的话，现有的每个自然数都将接受审判！满足上述条件的最小数字是哪一位？"

站在队伍里的被告交换着紧张的眼神，你第一次注意到，他们实际上是依次排列的。背上写着"1"的被告站在队伍前方最靠近法官的地方，2、3、4和其他数字紧随其后。你望向窗外，发现他们的队伍顺着街道一直延伸到了你的视野尽头。

一位律师上前一步，对法官说道："尊敬的法官，今天我代表的客户是1和2。如果法庭允许的话，我可以迅速证明他们俩都不可能犯下上述罪行。"

"继续。"法官点头应允。律师清了清嗓子："如果今天的案子考虑的是至少有三位朋友或陌生人的派对，法官大人，那么显然，首先你需要有三个可能成为朋友或陌生人的人。我的两位客户都不符合这一描述，所以我提议，宣告他们无罪。"

你能听见陪审团那边传来认可的低语声。

"很好。"法官承认，"1和2，已经有清晰的数学逻辑证明你们无罪。你们可以离开了。"排在最前面的两名被告迅速拥抱了律师，然后和她一起离开了。

下一个站出来的是你刚才看到在整理笔记的那位律师。他看起来很年轻，似乎没办过几个案子，但钢铁般的眼神表明他很认真。"这位肯定是公诉人。"你默默想道。

"刚才的事并未打乱我们的步调，法官大人，因为我们有相当数量的其他嫌疑人。"他头也不抬地说。然后，他的视线落到了队伍里的下一位被告身上："请看证据A，它证明3在本案中有罪。"

执法官取出一块很大的硬纸板标牌，把它安放在法庭前方的画架上。

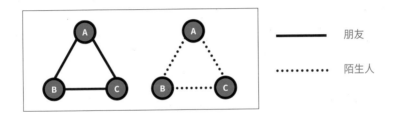

"正如你们所看到的，"公诉人继续说道，"以上证据表明，3显然有能力犯下这一罪行。她既有动机也有手段。难道你们还需要别的什么证据吗？"你看到3在椅子里不安地挪了挪身体。

"反对！"3的律师回答，"这只是检方的臆测。仅仅因为某人有能力持枪，这并不能证明他就是个杀人犯。仅仅因为我的客户有能力举办一个拥有三位共同朋友或三位陌生人的派对，也无法证明她真的犯下了这一罪行。你很难说这证明了我的客户有罪，法官大人。"他转向公诉人，"检方的证据完全是臆测。"

法官缓慢地摩挲着自己的下巴："反对有效。你需要表现得更出色一点，律师。我们需要更强的证据来证明。"但公诉人还没回答，3的律师再次开

口了:

"如果您允许的话，法官大人，我可以提交证据，扫除怀疑的阴影，证明我的客户是无辜的。请容我出示证据B。"

执法官将一块新的标牌放到了画架上。

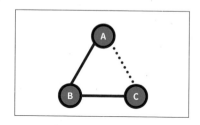

辩方律师等了一会儿，给陪审团留出消化的时间："检方并未真正理解指控本身，法官大人。他们没有注意到其中一个重要的词语：'确保'。"

3的律师继续侃侃而谈："我的客户无罪，因为3个人的派对无法保证参会的3个人要么互为朋友，要么互不相识。现在你眼前的这个例子就违背了这一描述，因为这三个人既不是互为朋友，也不是互不相识，这不符合检方所说的'确保'，法官大人。"

"这显然有悖于你出示的证据，律师。"法官透过眼镜望向检方律师，后者看起来有点难为情，"被告可以离开了。"

你看着3的律师领着他的客户离开了法庭。一位新的律师走上前来，取代了他的位置，站在她身边的被告不是一位，而是两位。

"我代表的是4和5。"她开口说道，"如果法庭允许的话，我想请执法官立即出示证据C，以免公诉人再浪费大家的时间。"

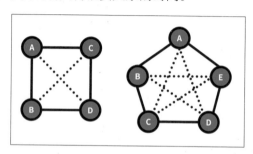

证据C安放到画架上以后，这位律师继续说道："正如你们所见，各位陪审员，我的客户也是无辜的——这两幅图清晰地展示了既没有三个人互相认识也没有三个人互不相识的情况。和3一样，我们推翻了公诉人举的例子，你们有责任立即释放这两位被告！"

法官点点头，望向检方律师："局面似乎对你很不利啊，律师。你有合法的证据证明这两位被告有罪吗？"

你不由自主地开始同情公诉人了。刚走进法庭的时候，他的头发还梳得整整齐齐，现在却成了一团鸡窝，他本人看起来也沮丧极了。他的桌上堆满了凌乱的纸张和潦草的笔记，但他却找不出证据来反对辩方律师，只得眼睁睁看着他们带着无辜的客户趾高气扬地走进法庭又走了出去。

不过，随着法官吐出最后几个字，你的眼角捕捉到了一点动静。下一位被告6慢吞吞地走到了法庭前面。6看起来和今早受审的其他被告不太一样。他满脸通红，额头上汗如雨下。他不安地坐在辩护律师身旁，后者的公文包里装满了画着手绘示意图的文件。

公诉人在椅子里坐直了。他注意到了被告有多紧张，你看见他眼里燃起了希望。他开始整理桌面，挑出关键的文件，在上面写下简短的笔记，然后把剩下的文件堆叠整齐。他暂停了一下，审视着眼前的案卷。然后他深深地吸了口气，对着法官开口了。

"法官大人，我知道，根据我今天的表现，现在我说的话听起来可能有些荒唐。但我坚信，我的证据可以确凿无疑地证明，站在我们面前的这位被告有罪。"他继续说道，这次他的目光直接望向了6，"我考虑了所有的可能性，现在我想向陪审团陈述。"

"继续。"法官点头。

"我意识到，我们的法庭对证明过程有极高的要求，所以为了确保我能冲破疑云，证明自己的观点，我恳请各位深入思考这种情况下每个人之间的关系，而不是泛泛而谈。"就在他说话的时候，执法官把证据D放到了画架上，

"值得注意的是，如果有6个人参加派对，那么每个人和其他人分别有不同的关系：所有与会者之间可能存在的关系共有15对。

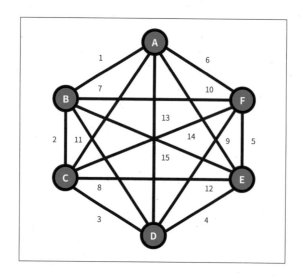

"每个人都可能见过或没见过另外某个人，这意味着这15对关系都有两种可能的情况：陌生人或者朋友。所以，对被告6来说，某个人是否认识另一个人，所有可能的组合共有215种。我相信法庭不打算坐在这里看我依次演示这32768种可能的情况。"

对于这个问题，陪审团成员的脸色给出了清晰的答案。他们看起来和被告一样巴不得早点离开这个地方。

"但我承认，要证明被告有罪，我们不需要调查每种组合中的每对关系。事实上，我们只需要专心研究派对上一张很小的关系网。"

公诉人转头直视陪审团，执法官把证据E放到了画架上。"我们把焦点放在派对里的一个人身上，我们可以叫他A。除了A以外，派对上还有5个人，A和他们中的每个人要么是朋友，要么是陌生人。因此，A拥有的朋友数量最多是5个，最少是0个。

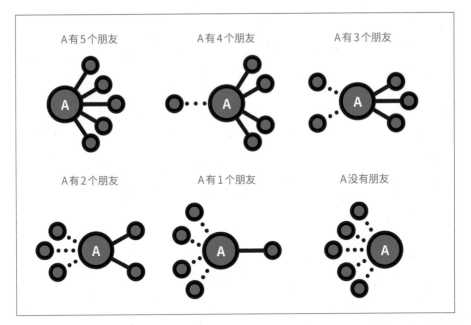

A有5个朋友　　　　　A有4个朋友　　　　　A有3个朋友

A有2个朋友　　　　　A有1个朋友　　　　　A没有朋友

"请注意，法官大人，陪审团，无论在哪种情况下，A至少和3个人的关系是相同的。A必然要么拥有三个朋友，要么和三个人互不相识，没有例外。"

"我们听了这么多，律师。"法官缓缓点了点头，"但这还是无法证明6有罪。"

"您说得很对，法官大人。"公诉人继续说道，"但是现在，请容我们重点关注这三个和A不是朋友就是陌生人的人。这些人具体是谁无关紧要，因为我们推演的逻辑在任何情况下都成立。假设这三个人都是A的朋友，我们不妨叫他们B、C和D。"

另一块标牌放到了画架上。

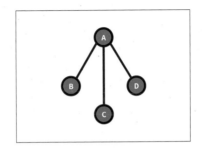

"我向法庭承认，如果6是无辜的，C就不能是B或者D的朋友。"

"这是为什么呢？"法官问道。

公诉人没有错过这个机会："如果C和B是朋友，那么A、B和C就互为朋友。同样地，如果C和D是朋友，那么A、C和D就互为朋友。三个人互为朋友——这正是6试图避免出现的情况，法官大人。"

你注意到6在座位上扭动了一下。

"继续。"法官表示。

执法官又取出了一块标牌。

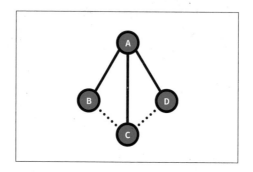

"如果C既不认识B也不认识D，那么这幅图里未知的关系只剩下一对：B和D之间的关系。这是缺失的最后一环。但是，法官大人，无论B和D之间关系如何，是朋友还是陌生人，6都显然有罪。"

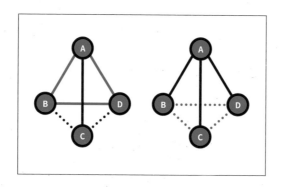

法官抬起一边眉毛："你怎么这么肯定？"

"法官大人。"公诉人露出微笑，示意执法官摆出最后一块标牌，"如果B和D是朋友，那么A、B和D就互为朋友。如果B和D是陌生人，那么B、C和D就互不相识。无论出现哪种情况，都能确保有三个人互为朋友或互不相识。法官大人，6有罪！"

辩方律师看起来已经一败涂地，他甚至没有站起来表示反对。与此同时，你被检方的雄辩深深吸引，甚至一直忘了注意陪审团的反应。他们正互相点头，看起来不需要多少思考就能做出决定。眼前的证据已经说服了他们：6正是他们想要寻找的数字。

法官也感觉到这一点，随着法庭里窃窃私语的声音越来越大，他敲了敲小木槌。**"安静！安静！"** 他命令道，"基于检方出示的证据，法庭宣布6有罪：要确保派对上至少有3个人互为朋友或者互不相识，6是参会人数的最小数字。其余的被告可以离开了！"

第21章

我 的 手 机 是 个 骗 子

多年来我一直坚信，我的手机跟我有仇。它总能自信满满地撒谎，让我陷入窘境。它会用刺耳的声音向我保证："当然，我有足够的电量！"然后过不了几分钟就在关键时刻自动关机，比如说在我儿子的生日派对上，大家都指望我拍照的时候。

"你说什么，你没拍到他吹蜡烛的画面？！"

"我发誓，我的手机说它还有20%的电！"

有时候，情况恰恰相反。我的手机仅靠2%的电量也能坚持好几个小时。这是怎么回事？它是打算为所有掉链子的事补偿我吗？

你的手机屏幕右上角那个小电池图标旁边显示的电量百分比计算方式其实相当复杂。但即便如此，手机显示的电量有时候也会错得离谱。为了理解这是为什么，我们需要稍微思考一下，电池剩余电量的本质是什么，我们又是如何测量它的。

每块电池能容纳的电荷数量各不相同。哪怕不知道这一点，我们也可以通过比喻的手法来描述：电池就像杯子，它能装多少水取决于它的尺寸。讨论电池"容量"的时候，我们实际上把它比作了一个装电的杯子。

但杯子里的水位可以靠简单的刻度来衡量，电池却没这么好测量，当我们意识到这一点，二者之间的类比就被打破了。电池更像一个不透明的桶，你看不到里面的东西。既然看不见，你又该如何测量电量的多少呢？我们用的是数学武器库里最强大的军械之一——微积分。

光是"微积分"这个词就足以让学生和成年人背脊发凉。它会让你一下子想起那些普通人类头脑无法理解的神秘概念和定律——有时候事实的确如此。我第一次认识微积分这个词是通过卡斯伯特·卡尔库鲁斯教授，也就是漫画《丁丁历险记》里那位典型的疯狂科学家。这位教授的形象完全符合大众心目中的微积分：陌生，不讲道理，超乎普通人的理解。

但微积分的发明是为了帮助我们理解一个相当基本的问题：**量是如何改变的？**尤其是两个变量以某种方式联系在一起的时候，例如一辆汽车行驶的距离和时间，二者的变化率有何关系？比如说，一辆汽车每小时（时间）行驶多少千米（距离）？

面对这类问题，你可能不需要经过有意识的思考就能很快给出直接的答案。比如说，"每小时60千米"。但是，如果花点时间从更抽象的层面上思考一下变化率的概念，例如距离相对于时间的变化率，它非常重要，甚至有自己专门的名称（速率），你或许可以更深入地理解数学领域里某些被误解得最多的表述。成千上万的人听说过甚至背过这些术语和符号，却从未真正理解它们的真实含义。

很多普通的词语在数学领域里代表特定的运算过程，明白这一点对初学者大有裨益。"和"常常代表"加"（比如说，"你能给我5个勺子和3把叉子吗？"那么我应该给你 3 + 5 = 8 件物品）。"次"往往和"乘"有关（"今晚我投中了7次3分球"意味着你的总得分是 3 × 7 = 21 分——表现很好！）。下一个术语可能没那么常见，不过"每"通常意味着"除"（"饮料12块钱一扎，每扎4瓶"意味着每瓶饮料的价钱是 12 ÷ 4 = 3 块）。

因此，"千米每小时"的本质是"千米数除以小时数"，或者说"距离的变化除以时间的变化"。因为数学家总在比较各种变量，所以他们用缩写字母"d"[源于希腊字母 Δ（德尔塔），这个符号在数学和科学领域最常被用来代表某种变化]取代了"比"这个字。所以，d（距离）实际上是"距离的变化"的缩写。

由于数学家热爱缩写一切（他们不断寻求更高效的做事方法），他们又进一步将时间和速度之类的量缩写成了单字母，并称之为未知数（pronumeral）。未知数令世界各地的许多学生（和成年人）心生恐惧，主要是因为我们从来就不懂它们是用来干什么的。简单地说，未知数就像代词。

代词是取代名词（男人，女人，书）
的词语（他，她，它）。
未知数是取代数字的符号（x，y，a，ϕ）。

我们在数学领域中最常见到的未知数是x和y，所以如果我们用x取代"时间"，y取代"速度"，那么我们就可以将d（距离）/d（时间）写作dy/dx。这四个字母就像微积分领域的"咒语"。全世界每天都有成千上万的学生一遍遍写下这些字母，却不明白它们的真正含义。它们不是什么魔咒，只是用来表达两种事物之间变化关系的缩写。

说回电池之前，我们再讲最后一点：比较两个变量的时候，我们往往爱把它们画在一张示意图或者表格里。这些图表可以用来比较任何事物，比如说，天气图表可能会让你看到一年里每天的最高气温。或者我们可以通过图表来展示一家公司一年的总收入。我的妻子和我生下第一个孩子的时候，医院给了我们一本小书，里面印着"发育表"，它让我们看到了孩子的体重和身高在这个发育阶段应该以怎样的速率随年龄增长。

画这种图表的时候，有个方便的办法是把横轴标为x，纵轴标为y。这意味着"y的变化"体现在纵轴上：让我们得以轻松描述这样的"上升"（rise，比如说图形上扬了多少）。从另一个方面来说，"x的变化"发生在横轴上：人们习惯称之为"奔跑"（run，比如说图形横向移动了多远）。所以我们之前提到的dy/dx被很多人记作"上升/奔跑"。

我们刚刚介绍了描述同一运算过程（某个量如何随时间而变化）的多种表述方式，之所以有这么多种表述，是因为在我们身边，变化率无所不在，而且我们总有兴趣研究它们。下面的示意图绘出了我们刚才介绍的语言演变过程：

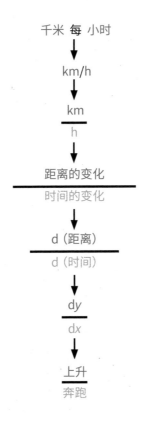

这些零件组成了我们称之为微积分的伟大数学机器。

这一切和手机电池又有什么关系？

我们最开始琢磨的问题是想办法测量一个看不到的量：具体来说，电池内部的电荷量。如果我们把电池想象成一个杯子，那它并不透明，你看不到里面。所以，我们该如何弄清杯子里的水位？

　　有个比喻能帮上忙。上学的时候我参加过在外留宿的活动营，当时我们住在小木屋里，每幢小木屋安置了10～12名学生。由于设备简陋，我们所有人只能轮流冲澡。每天晚上，白天的活动结束后，大家都会像疯了一样冲去抢浴室。在这种时候，友谊和忠诚分文不值。唯一重要的是第一个冲进浴室，确保自己比别人先洗。

　　为什么？营地供应的热水往往有限——每座小木屋的洗澡水都装在一个大罐子里——随着罐子里的水位下降，你冲澡的水温和水压也会缓慢下降。那些跑得快的幸运儿（或者经过指导老师批准可以早点跑去浴室的人）可以舒舒服服地享受热水澡，来得晚的人只能就着龙头里细细的水流洗冷水澡了。野营锻炼了我们——要么跑得快，要么会忍耐（尤其是冬令营）！

　　电池有点像营地里的水罐。越满就流得越快——无论是罐子里的热水，还是电池的电流。所以，虽然我们不可能直接知道某时某刻电池里还有多少电荷，但却可以通过测量电荷从电池里流出的速率大致推测剩余电量。于是这个问题就变成了一个关乎变化率的问题，微积分就此登场。

　　手机的制造商会在实验室里通过大量测试确定电荷流出速率与剩余电量之间的关系，然后再对手机进行标定，通过测得的速率报告电量。所以，有什么问题呢？如果计算剩余电量的方式如此直白，我们的手机为什么有时候错得那么离谱呢？

　　这中间有多种因素。首先，电池在不同条件下的工作效率并不完全相同。温度极高或极低的时候，电池无法长期储存电荷，所以它们能够坚持的时间肯定比理想温度条件下更短。除此以外，电池消耗的速度并不是恒定可预测的。如果洗热水澡的人很多，水槽里的水消耗得就更快，同样，手机上不同的功能（例如蜂窝网络）或应用（例如视频编辑软件）需要更多的电量来处理，所以它们会更快地消耗电池。最后，随着电池不断老化，它储存电荷的能力也在不断减弱。如果你觉得你忠实的老手机待机时间似乎不如以前了，这不是错觉！

你手机里的软件和它的数学算法在计算剩余电量的时候会尽可能地将这些环境变量纳入考虑，但归根结底，它们只能尽力提供最近似的估算。你觉得屏幕右上角的百分比看起来很精确，所以觉得它能准确地告诉你电池还能用多久。不开玩笑，它是骗你的。

小提示：当然，它也不是故意要骗你。你的手机利用数学模型来计算电量，但正如英国统计学家乔治·博克斯所说，"所有模型都是错的——但其中一些有用"，这可能就是其中之一！

第22章

数学魔术

有一个魔术是我的心头好。好的魔术不会愚弄你，而是动摇你对自身认知能力的信心。我幸运地目睹过几位伟大魔术师的表演，每次我真的都不敢相信自己的眼睛。

很多魔术需要特殊的昂贵道具，或者花费多年时间练习误导的手法和技巧。但下面我要向你们演示的魔术只需要一副扑克牌。因为它不是靠设备或操纵感官来完成表演，而是靠数学。

取一整副扑克牌——一共52张，除去大小王——彻底洗一遍（如果你给别人表演，让他们洗牌）。然后按照以下步骤把牌分成4堆：

1.掀开第一张牌。如果是红的,把它正面向上放在你的左侧;如果是黑的,正面向上放在右侧。

2.放好第一张牌以后,取第二张牌——你既没掀开也没看过——把它单独放在第一张牌上方。现在你有了两个牌堆:一个明牌堆,一个暗牌堆。

3.掀开第三张牌,和第一张牌同样处理,即按照红黑的区别正面向上放在你的左侧或右侧。

4.取第四张牌,和第二张同样处理,即不用掀开,背面向上放在第三张牌上方的牌堆里。

重复这个过程,直到分完整副牌。

按照以上步骤操作,现在你面前应该有4堆牌:一堆红色明牌,一堆黑色明牌,两堆暗牌,即每种颜色上方各一堆。

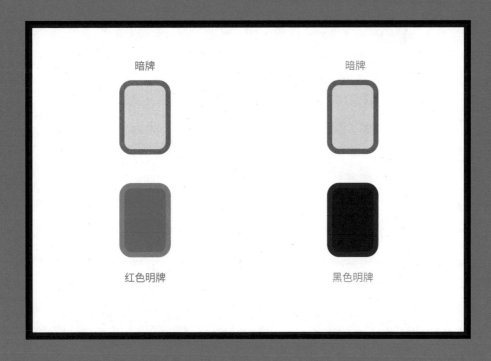

开始下一步之前,我希望你思考两堆暗牌。这两堆牌很可能不一样厚,

也就是说，两个牌堆里扑克牌的数量不同（而且你很可能不知道哪堆牌更多）。此外，这两个牌堆里都是暗牌：你一张也没看过，你放牌的时候根本不知道哪张是哪张。我只是想强调一下，对于这些暗牌，你真的没什么了解。

接下来的几秒钟里，如果有可能的话，你对它们的了解还会变得更少。如果你是给朋友表演，还是请他们来帮你完成下列步骤：

1.请他们随意挑选一个 1～6 的数字。如果你能找到一个骰子，可以用它彻底随机一把。

2.假设他们选了数字 5，那么请他们从一个暗牌堆里取任意 5 张牌。

3.现在，在不看牌的情况下，用这 5 张牌去换另一个暗牌堆里的任意 5 张牌。

现在，两个暗牌堆也互相混了起来，你更不可能知道这些牌是什么了。

果真如此？精彩的地方来了：告诉观众，你要变魔术猜牌了。你猜左边那堆暗牌里红牌的数量应该等于右边暗牌堆里黑牌的数量。掀开所有暗牌数一数。你会发现，你说得一点都没错！再来一次，暗牌堆里扑克牌的数量和骰子掷出的点数可能都会变，每堆暗牌里红牌和黑牌的数量也不一样了，但你总会得到相同的结果。不需要任何道具或者特殊技巧！

这是怎么回事？要解开这个谜团，最简单的办法是一步步拆解一个实例。首先，我们要弄清四个牌堆是怎么回事，然后再来研究最后揭底之前的随机交换有何奥秘。

虽然这个扑克魔术没有任何手法可言，但它里面的确存在一个我一直试图掩盖的错觉。从表面上看，我们似乎对两堆暗牌所知甚少，但实际上我们知道得很多。只需要稍微运用逻辑——数学逻辑——去分析魔术背后的规则，你就会发现，我们知道的事情足以确保魔术每次都能成功。

你需要认识到的第一件事是，一副牌只有两种颜色：红和黑。这意味着刚好有一半的牌，也就是 26 张，是红色的，另外 26 张是黑色。记住这件事。

我们快进一下，跳到所有牌分成四堆以后。你可能已经注意到了，每次掀开的红牌和黑牌数量各不相同。但是，因为我们分牌时是明牌和暗牌交叉分的，所以你可以知道下列事实：

* 刚好有一半的牌，也就是 26 张，是明牌，另一半 26 张是暗牌。
* 明牌的红色牌堆和它旁边的暗牌牌堆扑克牌的数量一致。
* 明牌的黑色牌堆和它旁边的暗牌牌堆扑克牌的数量一致。

你知道这么多就够了。现在，只需要稍微数一数——看看我们发现了什么！

我举个例子，一副牌按照上述方法分完以后可能会变成下面这样。请注意每个牌堆里的扑克牌数量，这些牌堆完全符合我们刚才通过逻辑推理得出的结果。

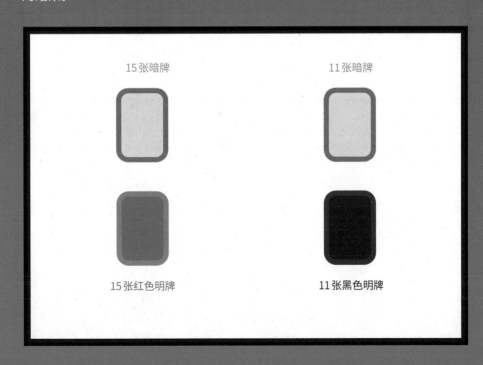

这个魔术的核心是两个暗牌牌堆里的红牌和黑牌数量。表演魔术的时候，我们实际上并不清楚每个暗牌牌堆的情况；但是，既然现在是解密魔术，我们不妨把其中一个牌堆掀开，看看能不能搞清楚背后的玄虚。假设我们真的这样做了，观察结果如下：

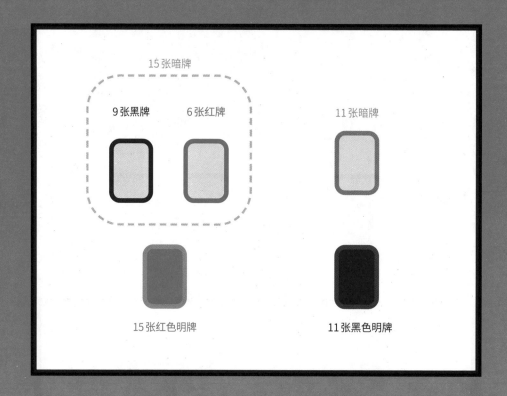

接下来我们可以掀开另一个暗牌牌堆，数清楚红牌和黑牌的数量，但这和表演的时候没什么两样。所以取而代之的是，掀开最后一个牌堆之前，我们再次运用数学逻辑进行推理，看看能不能弄清这是怎么回事。

我们前面说过，关键的信息是，一副标准的扑克牌里刚好有 26 张红牌和 26 张黑牌。正如你所看到的，我们已经确定了其中 21 张红牌的位置。这意味着剩下的 5 张红牌必然在最后一堆牌里。不过，如果最后一个暗牌堆里有 5 张牌是红的，剩下 6 张必然是黑的。

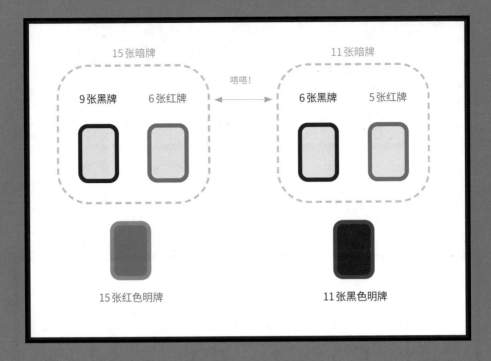

15 张暗牌　　　　　　　　　　　　　11 张暗牌

9 张黑牌　　6 张红牌　　嗒嗒!　　6 张黑牌　　5 张红牌

15 张红色明牌　　　　　　　　　　11 张黑色明牌

　　左边有6张红牌,右边有6张黑牌,魔术成功了!无论你表演多少次,这个魔术都不会穿帮;下次表演的时候,红牌和黑牌的明牌数量可能不一样,暗牌堆里红牌和黑牌的组合也可能不一样,但只要用逻辑数一数,你就会发现,每次左边的红牌数量都等于右边的黑牌数量。

　　事实上,这就是我们要在高中学习代数的原因之一。不,不是为了解密神奇的扑克魔术,而是为了处理数字,哪怕我们甚至不知道它们具体的值。因为不知道这些数字的具体值,我们用字母取代了它们,并称其为未知数,这个概念我们在上一章讨论过。

　　在前面的示意图里,我真的表演了这个魔术,数出了15张红色明牌,并在它旁边的暗牌堆里数出了6张红牌。但代数让我可以用两个未知数分别取代15和6,它们可以是符合规则的任何数字——12,8,23,诸如此类。如果你想用代数验证这个扑克游戏的原理,你可以直接跳到下一章,看看我给出的解释。

"等等，"你可能会想，"最后那个随机交换扑克的奇怪环节又是怎么回事？你没解释！"说得好！首先，请容我给你一个小小的警告——这个魔术之所以能成功唬到人，是因为它蕴含的数学成分刚够把人绕晕。但是，如果你亲眼看到了扑克牌的移动过程——阅读本章的时候，我强烈推荐你找一副扑克牌，按照我介绍的步骤操作——那你就能弄清这是怎么回事，然后享受借此捉弄朋友和家人的乐趣！

为了刨根究底，我们不妨忘记明牌牌堆，专心研究两个暗牌牌堆。和表演魔术时一样，我们从每堆暗牌里随机抽取5张，看看会发生什么。

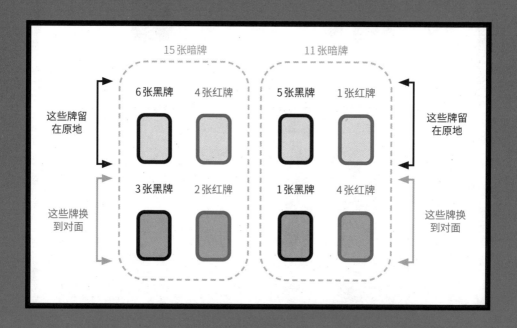

现在你可以看到，我从每个暗牌堆里分别随机取了5张牌放到一边。我想在交换前记录它们的颜色，以便于追踪它们的动向。请注意，我准备交换的两组牌里，红牌和黑牌的数量组合是不一样的。

截至目前，我已经选出了5张用于交换的扑克，但还没真正动手交换；现在左边暗牌堆里的每张牌都还好端端地放在红色明牌堆旁边，右边暗牌堆里的每张牌也放在黑色暗牌堆旁边。现在，我们开始交换！

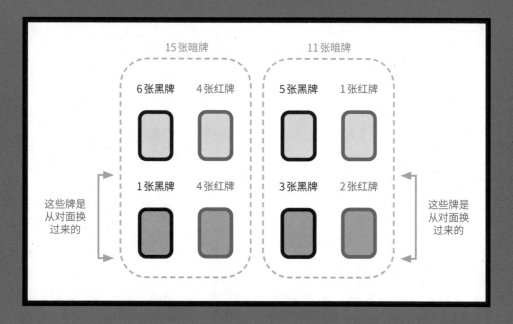

现在你能看到，5 张随机选择的扑克已经挪到了新的位置。我不妨把每个牌堆里红牌和黑牌的数量重新加起来，看看会发生什么。

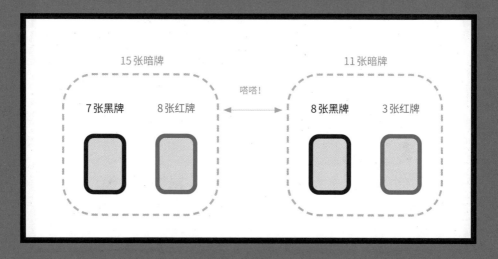

看哪——左边的红牌数量还是等于右边的黑牌数量！

为什么交换扑克没有改变任何事情，哪怕我们的直觉认为结果会变？如果我们愿意戴上思考帽，稍微运用逻辑去推理，原因还是很清楚。请容我阐述。

为了帮助你理解，我会采用我之前提到过的很好用的技术：如果一个问题难以解决，我们就设想一个更简单的版本，看看能不能理解它背后的机制。简单的问题比难题更容易理解，而且你通过前者得到的领悟通常有助于解决后者。

　　所以，我们不妨把换牌的张数从5张缩减到1张。

　　想想看，如果交换的两张牌颜色相同，比如说都是黑色，那会发生什么。记住，我们感兴趣的只是扑克牌的颜色，而不是它的点数或花色。这意味着如果交换的两张牌都是黑色，那结果跟没换一样。两个牌堆里红牌和黑牌的数量都跟交换前相同。

　　如果两张牌都是红色，结果也一样。

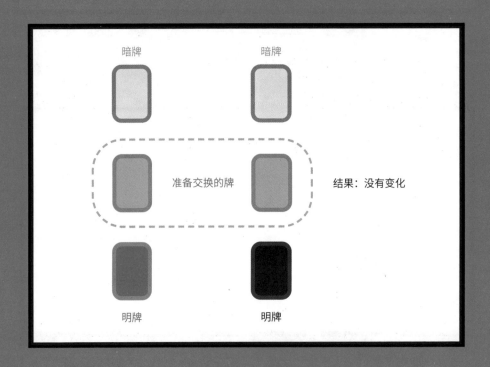

　　但是，如果两张牌的颜色不一样呢？这也不难：如果我们从左边取一张红牌放到右边，那么左边暗牌堆里的红牌数量会减少1张；但我们同样会从右

边取一张黑牌放到左边，于是右边暗牌堆里的黑牌数量也会减少1张。不同颜色牌的数量的确变了，但数量——左边红牌的数量和右边黑牌的数量——都减少了1张，所以它们依然相等。

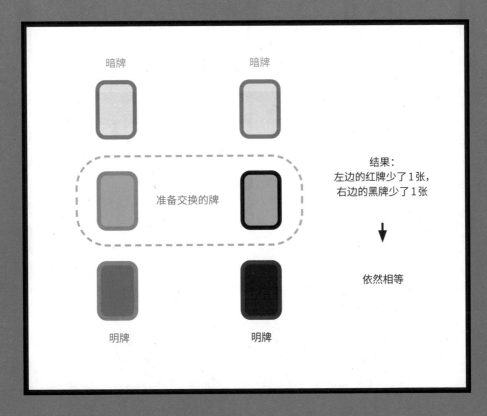

也可能出现相反的情况，红牌和黑牌的数量各自增加了1张——但结果还是相等，如下一页图所示。

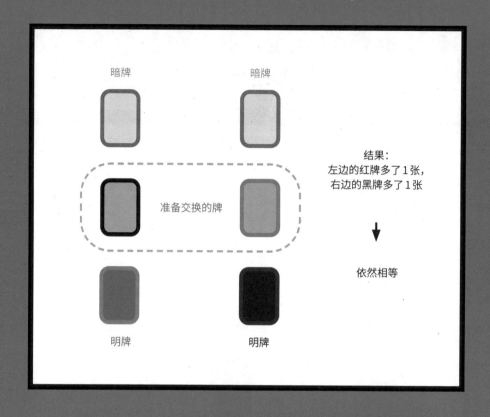

所以现在，我们可以看到，如果两个牌堆只交换一张牌，那么无论在哪种情况下，最后的结果都不会改变。然后我们把这个简单的问题演化成更复杂的版本：同时交换 5 张牌完全等同于连续 5 次交换一张牌。既然交换一张牌以后，左边的红牌数量依然等于黑牌数量，那么无论重复多少次，这个结果都不会变。

所以，这道题的重点是什么？呃，对初学者来说，它很有趣。我用这个小魔术迷住、难倒的人不计其数，无论老幼。哪怕你没有完全理解魔术背后的机制，也不妨碍最终的结果，这也是它的迷人之处。那些我们并不理解却流畅运转的事物有时让人心烦意乱，有时候却又让人感到愉悦。当我踩下汽车里的加速踏板，我基本不用理会它背后数以百计的可动部件和复杂的物理化学反应。当我以110千米的时速在高速公路上飞驰，我很高兴自己不必费心了解汽车内燃机的具体工作原理！这证明了哪怕我们并不完全理解汽车的工程学构造，也不妨碍其正常运转，也让我们看到，所有能为我们所用的数学都有一种内在的和谐，哪怕我们还没有完全理解它。

但是，理解仍是个值得追求的目标。真正的理解能够赋予你X光般的视线，帮助你看穿阻挡他人目光的表象。当你真正理解了某件事背后的机制，你就能从更深的层面上欣赏它。这个世界（包括自然的世界和人造的世界）上的很多规律背后都有数学原理支撑，只是大部分人看不见——例如这个巧妙的小魔术。正是出于这个原因，如果我们能让自己暂停片刻，运用逻辑清醒地思考，有时候某些事物会袒露出数学的真容，然后变得像扑克牌一样容易操控。

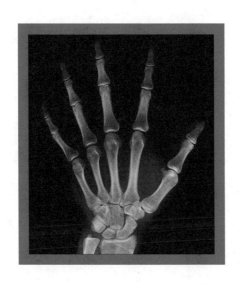

第23章

魔术师必修课：
代数学

在上一章里，我们利用一副标准扑克牌演示了精彩的数学规律可能出现在看似随机的过程中，只要它背后有一点点隐藏的结构或规律。我用实际的案例和计数证明了那些数字为什么总是对得上。

不过我相信，你们中肯定有人想知道，这个魔术为什么每次都能成功。每次牌堆的数量可能会变，但无论如何，左边暗牌堆里的红牌数量总是等于右边暗牌堆里的黑牌数量，这到底是为什么？换句话说，你想掀开发动机盖，看看引擎内部到底是怎么工作的。这不能怪你！但我警告你，要真正弄清这个问题，**你需要拥抱代数。**

我之所以说在前面，是因为我知道很多人哪怕只是提到数学的这个部分就会寒毛直竖。它在人们心目中就像我小时候玩的电脑游戏里的大魔王一样。"噢耶，我爱玩《银河战士》！直到我打到那个长着一千颗牙齿和十五只眼睛的巨龙，我朝他发射了上百万枚火箭，可还是打不过，真气人。"人们在派对或婚礼上发现我是个数学老师的时候，他们正是这样描述代数的。"我不讨厌数学，直到他们开始引入各种字母！"

但代数是**人类有史以来发明的帮助自己解决问题的最有力的工具之一。**因为世界上的很多问题关乎具体值未知或者可变的数字。这时候就轮到代数上场了，它会说："你不知道这个数字应该等于几？没关系。我们只需要暂时在这个位置上放一个占位符，一个字母就行。等你知道具体的数值以后再换回来，只要你想。"

正如我们先前提到过的，这些数学占位符叫作未知数。想想上一章中的扑克牌魔术，你就能清晰地看到未知数带来的便利。红色明牌有几张？我不知道，除非我实际操作一下，数一数牌堆里有几张牌。每次变魔术的时候，这个数字还不一样。但这个数字是整个魔术的关键所在，无论它的值是多少，所以我可以用一个未知数来取代它，接着往下计算。抓紧你的帽子，我要揭露魔术背后的深层原理了！

好的，首先，请按照上一章中介绍的步骤把所有扑克分成四堆。（和上次

一样，我们先弄清基本原理，再来做最后的交换。）现在这几堆牌应该如下图所示:

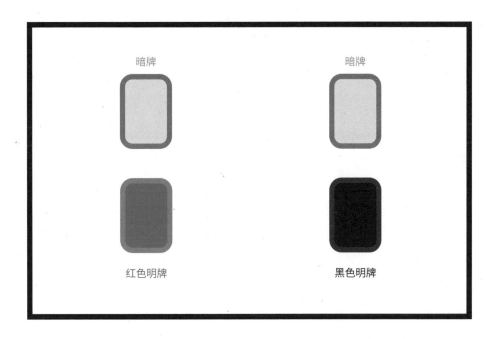

数学，尤其是代数的基本原理之一:它偏爱简洁的语言。用语法专家的话来说，数学家热爱"词汇密度最大化"，也就是说，把最多的意义浓缩到最小的空间中。所以，与其用长句来描述事件，我们不如给这些名称啰唆的牌堆贴上标签，以便于指代。我们将左边的两堆牌分别命名为R1和R2（因为这边的明牌是红的），右边的两堆牌则是B1和B2（因为明牌是黑的。）

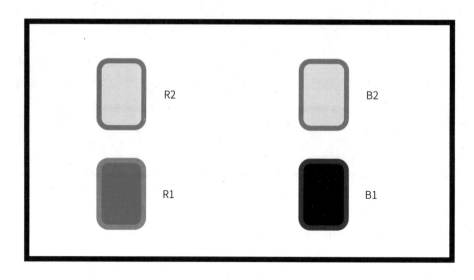

要理解眼下的局面，关键在于你必须认识到，这四个牌堆里的扑克牌数量关系密切，哪怕从表面上看不出来。为了揭露这一点，我们再次运用代数技巧，给R1里的扑克牌张数起个代号。在上一章的实例中，红色明牌恰好是15张，但这个数字可以是任意值，所以我们遵循古老的数学传统，将它命名为x。

由于未知数取代的是数字的位置，所以它们服从数字的所有规则。这意味着我们可以照搬上一章中的全套逻辑，推出每个牌堆彼此之间的关系。上次我们得出了几条结论，现在我们用刚刚引入的代数语言重新阐述一下这些结论：

*"刚好有一半的牌，也就是26张，是明牌，另一半26张是暗牌。"如果R1里有x张牌，那么B1和R1的牌加起来总数必然是26张。这意味着B1里有（$26-x$）张牌。上一章中R1里的牌是15张，所以B1里的牌是（$26-15$）= 11张。

*"明牌的红色牌堆和它旁边的暗牌牌堆扑克牌的数量一致。"每次你往

R1放了一张牌，紧接着就会往R2放一张牌，所以这两堆牌的张数必然相等，也就是说，R1和R2各有x张牌。

* "明牌的黑色牌堆和它旁边的暗牌牌堆扑克牌的数量一致。"结合上述两点，由于我们已经知道B1里的牌有（$26-x$）张，那么B2里的牌肯定也是（$26-x$）张。

好吧，现在我们看看，目前已知的信息如下：

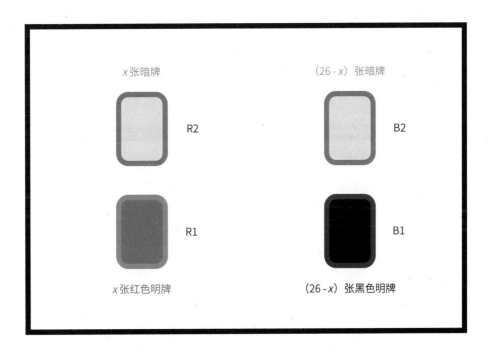

只要快速心算一下你就会知道，四堆牌加起来正好等于52张，完全符合预期！

下一步，我们需要仔细研究一下R2。随着魔术的进行，我们现在想知道的是这堆牌里红牌的数量。多玩几次这个魔术你就会发现，类似于x，这个数字每次也不一样。所以我们将它命名为y。

现在，你应该记得我们从最开始就知道整副牌里的红牌数量：它应该正好等于总数的一半，也就是26张。既然R1里有x张红牌，R2里有y张红牌，而B1里没有红牌（因为我们往这个牌堆里放的都是黑牌），这意味着如果还有剩下的红牌，它们必然都在B2里。

再想一想这件事，这是逻辑推理过程中的关键一步，你需要牢牢记住它。B1完全由黑牌组成，这意味着26张红牌全都分布在R1、R2和B2里。我们已经知道了R1和R2的红牌数量。在我揭露答案之前，你能算出B2里有多少红牌吗？

为了平衡所有数字，藏在B2里的红牌必然等于（$26 - x - y$）张。用这个数加上R1的x张红牌和R2的y张红牌，得到的总数是26，这正是一副标准扑克牌里的红牌数量（除非印刷扑克牌的工厂出现了严重的生产缺陷！）。

接下来就是魔术的最后一步了。你还记得我们在魔术中做出的预测吗？R2的红牌数量应该等于B2里的黑牌数量。我们动手数数之前，代数能帮我们算出B2的黑牌数量吗？

要解决这个问题，还需要最后一件代数武器，现在我就要把它祭出来了——方程！方程帮助我们天衣无缝地算出了B2的情况。

B2的黑牌数量 =（B2的扑克牌总数）－（B2的红牌数量）

$$= （26 - x）-（26 - x - y）$$

$$= 26 - x - 26 + x + y$$

（请容我提醒一句：负负得正！）

B2的黑牌数量 = y

B2的黑牌数量 = R2的红牌数量

问题解决了！

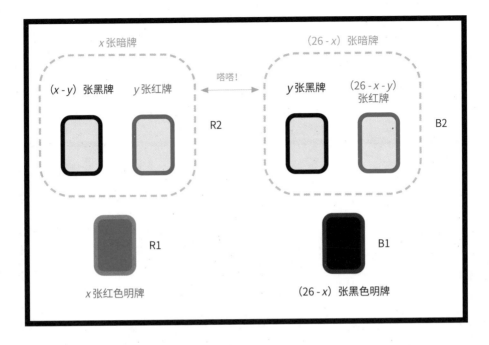

眼熟吗？这正是215页那幅示意图的代数版。

好的，接下来——就该进行讨厌的最后一步了，交换扑克牌！这一步的难度甚至更大，因为和前面几个步骤不一样，这一步需要观众的参与，由他们来选择换几张牌。不过，要是你能坚持下去，最后的回报会比前面更丰厚！

在这一步里，我们只需要考虑两堆暗牌（R2和B2），因为交换只和这两堆牌有关。观众可以选择任意数量的扑克牌，在R2和B2之间交换——我们不妨把这个数字设为n。

具体交换哪几张牌，也由观众决定，我们不知道这些牌到底是红的还是黑的——这意味着我们需要考虑更多的未知数。不过，我们可以把注意力放在真正重要的数字上，尽可能地减少未知数。我们感兴趣的是R2的红牌数量，所以我们假设观众从R2中挑选了a张红牌放到B2里。因此R2中剩余的红牌应该是（$y - a$）张。由于换牌的总数是n张，所以同时也有（$n - a$）张黑牌从R2换到了B2。

同样地，我们只想知道B2的黑牌数量，所以以此类推，我们可以说观众从B2中选择了 b 张黑牌放入R2，因此B2中剩余的黑牌数量是（$y - b$）张。这意味着同时有（$n - b$）张红牌从B2换到了R2。

所以，换牌之前，牌堆情况如下：

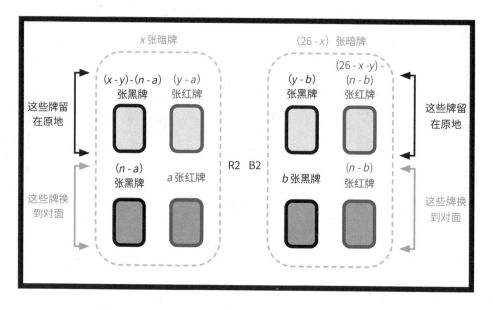

换牌完成以后，牌堆情况如下：

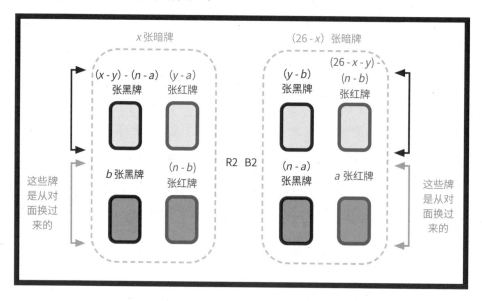

如果我们把换过去的牌和牌堆里剩下的牌加起来，结果如下：

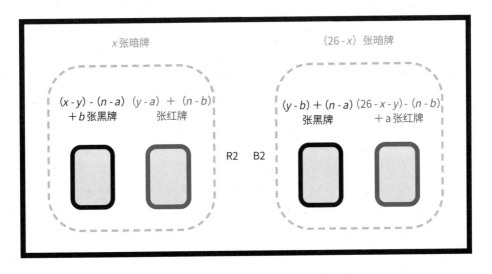

如果去掉括号，仔细观察R2的红牌数量和B2的黑牌数量，你会看到它们依然完美契合（就像217页里出现过的那样）：

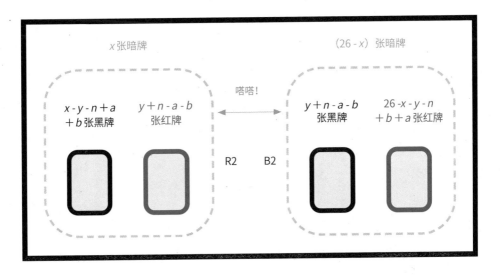

所以，重点是什么？这个世界上有太多看似随机无序，找不到任何规律和理由的事情。但是，透过表象，事件背后其实隐藏着深层的规律和逻辑，这种情况出现的次数可能多得超乎我们的预期。数学是人类头脑有史以来创造出的帮助我们理解周围世界的最优美的工具之一。它让我们得以看清事物之间隐形的关系和联结。有时候这些关系只是消遣，就像扑克牌魔术。但在另一些时候，它可能非常重要——无论是股票市场、健康趋势还是天气预报。有时候，用数学之光照亮人类未曾体验过的黑暗角落，这可能生死攸关！

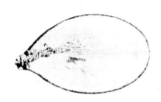

第24章

为什么0不能做除数？

研究太阳花、黄金比例和斐波那契数列的时候，我们也思考了不少乘法和除法的深层机制。虽然这两种计算相当基本，但你仍能从中发现一些出乎意料的规律和特征。在这一章里，我想更深入地探讨一下除法的概念，并讨论一个经典的问题。这个问题我在前面的章节中提到过，从第一次被提出开始，它一直困扰着世界各地的人们。这个古老的问题就是：**为什么0不能做除数？**

破解这个难题之前，我们需要回溯一下历史。除法符号是个很好的切入点，它实际上是个表示疑问的符号。这个符号你这辈子大概写过、读过成千上万次，但你可能从来没有注意过，它其实十分形象：

$$\div$$

"除号"（obelus）这个词在古希腊语中的原意是"锋利的棍子"，它的词根和著名的"方尖碑"（obelisk）一样。这个词实际上指代的是除号中间的横线，这根线切切实实地分开了除号里的两个点。所以这个符号将"分割"体现得淋漓尽致。

将物体平分成几组，这正是我们儿时最早接触到的除法的概念。我们拥有大量完全相同的物品，我们想把它们平均分配给某几个人，所以我们把这些相同的物体分成几组，确保每组物体数量相同。

比如说，要把24块巧克力薄脆饼干分给3个人，我们可以这样分：

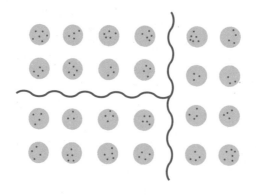

这幅示意图形象地演示了为什么24 ÷ 3 = 8。在这个例子里，8代表什么？它代表的是每组物体的数量，也就是每个人能享用的饼干的数量。

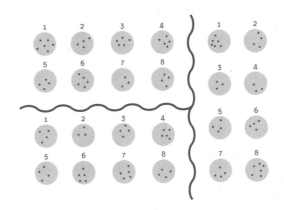

这类除法叫作**"等分除"**（partition division），因为你的确把一个数字"分成了几份"。最终你得到的答案（8）描述的是每份物品的数量。但是，你知道我们理解除法的方式不止这一种吗？

我们不妨还是从24块饼干开始，但这次换个问题。假设我想把这些饼干包起来卖掉，而不是送给朋友。假设我们想在每个袋子里面放3块饼干，那最后会获得几包饼干？下面是形象的示意图：

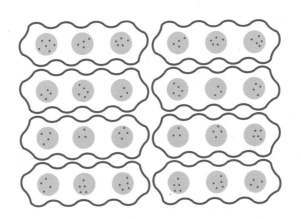

这类除法叫作**"包含除"**（quotition division）。这个词来自拉丁语里的"quot"，意思是"几个"[所以"指标"（quota）的意思是你要做多少事，"预

算"（quote）代表完成一项工作要花多少钱]。在这个例子里，"几个"实际上问的是"你能获得几包饼干？"这意味着24÷3＝8完全可以从另一个角度去理解。它算的是每组物体数量恒定的情况下，最后得到的物体有几组。

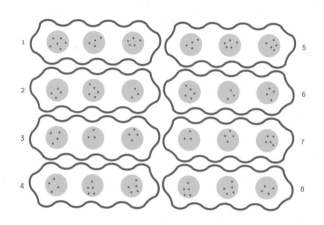

答案还是8。等分除的例子告诉我们，3×8＝24，因为我们最后得到了3组饼干，每组8块；但包含除的例子却让我们学到了8×3＝24，因为同样数量的饼干可以分成8包，每包3块。乘法的这种可逆性被我们称为"可交换性"。

从包含除的角度看待除法需要消耗更多的脑力，但它有时候很有用。比如说，它让我们得以理解这样的问题：$24 ÷ \frac{1}{2}$是什么意思？

你可以利用等分除来回答这个问题，只是有点奇怪。你如何想象把一堆饼干分给……半个人？反过来说，包含除就提供了很自然的解释：它意味着我们在每个袋子里只装了半块饼干（我猜测这是厉行节俭的结果！）。我们真正问的是：如果每个袋子里有半块饼干，那么这些饼干可以分成多少袋？

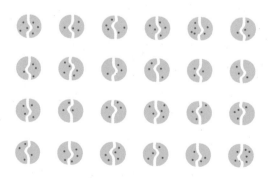

虽然这是个悲伤的场面（怎么会有人愿意只吃半块饼干就停下来？），但这个问题很好回答。$24 \div \frac{1}{2} = 48$。

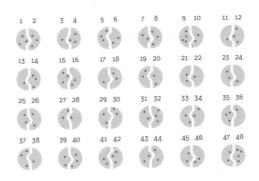

除法看起来好像很简单，
但要理解它却有这么多弯弯绕，
谁能想到呢？

现在，我们终于可以回到我前面说过的那个经典问题了——0做除数。对于学习数学的学生（更别说不耐烦的家长和老师）来说，这是一条公理，"你就是不能用0做除数"。很多人会告诉你，事情就是这样，但很少有人说得清这是为什么。它就是一条你早晚会被要求记住的规则，毫无道理可言，这句话看起来很奇怪，这让你更容易牢牢记住它。有人可能会求助于计算器，但无论你想用什么数除以0，都会看到它忠诚地宣布"数学错误"。这也许能说服一部分人，但与此同时，另一个问题又冒了出来：谁让计算器这么说的？为什么？

这章前面组装的拼图可以帮我们厘清这个问题。我们不妨先从等分除的角度来看。如果我们把一堆饼干分给0个人，每个人能吃几块？呃，如果最开始就没人可分，那么合理的答案可能是0，因为没有人吃到饼干（真让人失望）。

但是，要是从包含除的角度来看，这个问题的答案就没这么直接了。如果每个袋子里装了0块饼干，这堆饼干可以分成几袋？呃，我们想分几袋都行——反正饼干永远用不完，因为袋子都是空的。从这个角度来看，你几乎可以肯定地说，我们可以装无穷多袋饼干——所以答案是无穷多。这和我们刚才通过等分除得到的答案有点矛盾——这是个危险的信号，它意味着我们前后使用的逻辑并不统一。

　　如果我们再思考一下除法和乘法的关系，钉死棺材的最后一根钉子就落了下来。还记得吧，$24 \div 3 = 8$，这是因为$24 = 8 \times 3$。你可以看到，我用前一个等式两边同时乘以3，就能得到后面的等式。

　　那么，让我们从代数书里取一片树叶，就像前面玩扑克牌魔术时一样：我们不妨假设，用一个数除以0的确能得到一个合理的答案。我不知道这个答案是多少，所以我们将它设为x。也就是说：

$$24 \div 0 = x$$

　　但是，如果沿用同样的思路，把等式两边都乘以0，我们将得到下面这个等式：

$$24 = x \times 0$$

　　虽然0是个麻烦的数字，但我可以肯定，0乘以任何数都等于0。这意味着无论x等于多少，上面这个式子都不成立。

　　数学家表示，用0做除数是"未定义的"。他们的意思是说，正如我们刚才所演示的，用0做除数未定义，因为它"无法定义"，你没法帮它找到一个符合现有数学定律的合理定义。这才是0不能做除数的真正原因！

第25章

左撇子为什么没有灭绝？

我哥哥是个左撇子。这件小事在我的成长过程中留下了深刻的印记。起初是一些小事，比如说，我得时时注意自己在餐桌上的位置，如果我坐在哥哥的左手边，那么整顿饭的时间里，我们俩的胳膊会不断地撞到一起。然后我开始注意到另一些让人困惑的事，比如说，如果你想拿剪刀剪开一张纸，但你用的是左手而不是右手，那么剪刀只会把纸折起来，而不是剪断。

长大一点以后，我开始对音乐产生了兴趣，尤其是木吉他，于是我意识到，尽管吉他看起来好像是对称的，但它实际上只适合右撇子（是的，你可以买到特制的左利手吉他）。哥哥还让我明白了西方的书写体字母，从左到右书写也是为右撇子设计的，因为左撇子从左到右写字时，手会把刚写好的字母蹭花。

我爸爸曾经也是个左撇子。我之所以用过去式，是因为在我父亲成长的那个年代，习惯使用左手是一种错误，所以在学校里，爸爸"在教导下"强行忽视了自己的优势手，改用右手完成写字之类的任务。成长过程中的这些经历让我对左撇子格外好奇。事实上，我记得上小学的时候，我甚至有点嫉妒他们，因为我厌倦了当一个"普通的"右撇子。反过来说，我哥哥对做左撇子这件事就没什么浪漫的幻想；他会时不时提醒我：

生活在一个右撇子的世界里一点也不好玩。

我并不知道，哥哥和我无意中已经发现了左撇子最初存在的原因。唯一的问题在于，我直到上大学才理解了这个原因。为了弄清这是怎么回事，我们需要思考一个非常简单的概念：适者生存。

达尔文首次向科学界披露《物种起源》的时候，这本书阐述了许多革命性的概念。现在我们觉得这些概念是天经地义的，所以我们常常忘记它们有多精妙。关键的一个理念是：能让主人获得竞争优势的特征最容易在种群中保留下来——因此有机会传给后代。为什么有那么多动物发展出了和栖息地融为一体的高超伪装本领？因为它们伪装得越好，被吃掉的可能性就越小——这意味着它们可以多活一天，因此更可能繁殖后代。那些伪装得不够好的同类更容易被掠食者发现、吃掉，所以基因池里不会留下它们的遗产。反过来说，在另一些环境下，强壮程度和速度才是保护主人的关键特征。"适

← 善于伪装

者"生存，其他的毁灭。合适的特征保留下来，不合适的特征被扫进历史的垃圾桶。

乍看之下，这好像有点费解，因为左撇子似乎不是什么特别有价值的特征。人们普遍认为好的气色和健康的体魄是有吸引力的特征，但谁也不会把"左撇子"写在交友软件的个人说明里，借此吸引未来的伴侣。正如我哥哥经常指出的，在一个右撇子的世界里当一个左撇子往往很不方便。事实上，这还是最好的情况：约翰·W.桑特罗克曾经写道："千百年来，在一个为右撇子设计的世界里，左撇子一直遭受着歧视。"

纵观历史，左撇子在社会上一直饱受嘲笑。他们得到的待遇比我父亲还要糟糕得多——因为与众不同，有些人被当成坏人、不祥的人甚至巫师。时至今日，尽管全世界大部分人已经抛弃了这些歧视性的行为，但我们的语言里仍残留着恶意的痕迹：在英语里，代表"右"（right）这个方向的词还有"正确"的含义。"机敏"（dexterity）和"灵巧"（dexterous）都源于拉丁语里表示"右"的词语，"阴险"（sinister）则来自拉丁语里的"左"。

但我们也不能苛责古人，对左撇子的敌意并非完全出于迷信。从传统上说，很多文化里的战士都会把盛放佩剑的剑鞘放在左腿边，以便在需要的时候更方便地用右手拔出。（直到今天，向对方伸出右手仍是友谊与和平的象征，原因正在于此——因为这个手势意味着你不能同时拔剑。虽然现在我们已经不再随身佩剑，但我们还是会握手！）反过来说，左撇子可以不动声色地把武器藏在右腿边。这正是《圣经·士师记》里记录的以色列勇士以笏故事的重要情节。正因为他是个左撇子，所以他才有机会刺杀敌方的国王。

所以，古人对左撇子的怀疑至少有一部分道理。但这带来了一个问题：如果世界各地的文化都如此厌恶左撇子，让它成了很不讨人喜欢的特征，那它又是如何流传下来的呢？这不符合"适者生存"的原理啊。

既然左利手是个不受欢迎的特征，
为什么左撇子还能继续存在？

有两个信息或许能帮我们弄清，千百年来，左利手是如何在这么不友好的环境中流传下来的。首先你得记住，"适者生存"所描述的"适"完全取决于环境。比如说，我前面提到过，伪装在生存、繁衍中显然是个很有用的特征。但很多动物演化的方向恰恰相反——它们会慷慨地展现鲜艳的颜色和形状，尽情地吸引注意力（通常是为了吸引异性）。在这种情况下，尽可能让潜在的配偶看到自己才是拥有后代的关键所在，发展出优秀的伪装、融入周围环境无异于遗传意义上的自杀，而不是什么精明的策略。

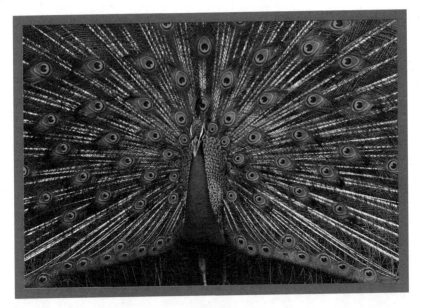

博眼球

所以，左利手肯定在某个方面有优势。那么问题来了：哪个方面呢？有趣的是，在这个问题上，运动场能为我们带来一点启发。

在世界各地的板球场和棒球场上，左撇子占据了很有用的生态位，这正是因为他们很稀缺。出现在球场上的左撇子投手看起来很怪：他们掷出的球角度刁钻，很容易让击球手措手不及。而且这样的优势是单方面的，因为左撇子投手在整个运动生涯中面对的都是右撇子击球手，所以他们很习惯这样的场面。

类似的现象还出现在拳击场上。拳击手对战的时候站姿并不对称。原因很简单：大部分拳击手自己就不对称。他们通常有一只优势手，所以他们身体某侧的胳膊更强壮有力。在战斗中，这会造成巨大的差异。

最常见的拳击姿态叫"正架站位"（orthodox，这个词来自希腊语里的"右"），拳击手的左脚和左手放在前方更靠近对手的位置。这样一来，他们最初的攻势（叫"前手直拳"，jab）来自较弱的左手，较强的攻势（叫"勾拳"，hook）则来自优势的右手。因为右撇子的人数更多，所以拳击手很快就会形成肌肉记忆，变得习惯于防守来自敌人左侧的前手直拳和右侧的勾拳。

但左撇子拳击手颠覆了这样的预期，因为身体天然的倾向，他们的站姿与正架站位互成镜像。这叫"左架站位"（southpaw stance），正因为它的罕

见，它会给对手带来麻烦：拳击手很少见到这种姿势，针对它的对战练习也少得多，所以他们很难妥善应对。这种效应如此强大，以至于训练有素的右撇子拳击手有时候会违反身体的天然倾向，选择左架站位，就为了从心理上威慑对手。

这或许能解释左利手为什么能幸存下来。

适者生存的隐含前提是竞争性的环境。

在这样的环境下，你生存、传递基因的能力实际上取决于你击败敌人、保护自己和孩子的能力。在战斗中突然亮出秘密武器的能力——比如说，让你更难落败的姿势——是一个方便的演化优势。事实上，这个姿势越罕见，其他人对付它的经验越少，它就越有用。如果这样的基因特征"发扬光大"，变得在人群中更加常见，它就会失去自己的独特性，变得没用了。

这种现象名叫"频率依赖"（frequency dependence）。意思是说，人群中的左撇子人数越少，他们拥有的优势就越大。所以，随着左撇子人数的减少，正常情况下，这是某个基因特征在人群中即将灭绝的征兆，即他们的影响力会变得比以前更强，由此获得某种演化意义上的重生，导致左撇子数量重新开始增长。反过来说，如果左撇子的数量增加到了超乎寻常的高水平，他们的竞争优势就会消失，导致数量再次下降。因此，左撇子和右撇子在人群中的比例最终会达到某种稳定的状态，我们称之为"平衡"（equilibrium）。我们观察到的结果正是这样，世界各地报告的左撇子比例都差不多——大约在10%。

关于左右手倾向性的这个想法来自两位法国研究者——夏洛特·福瑞和米歇尔·雷蒙德，他们把"左利手可能在战斗中有优势"的想法命名为"战斗假说"（Fighting Hypothesis），并试图利用统计分析的方法来证明它。

这类想法该如何验证？这个问题本身就很刁钻，因为在大部分人心目中，科学方法主要以实验为基础，科学家可以通过反复的实验检测假说的真伪。如果你把一张纸巾放进杯子，然后把杯子倒过来浸没它，纸巾还能保持干爽吗？试试看。你很可能只需要尝试几次就能找到真相。但现在的问题是：你该怎么设计一个类似的过程来验证（或证伪）战斗假说？这就没那么容易了。福瑞和雷蒙德决定采用科研武器库里最可怕的武器之一：统计相关性。

就算你从没听说过"概率独立"和"相关系数"这两个术语，我几乎可以保证，你以前肯定跟它们打过交道。"科学家表示，吃巧克力的人活得更久""发誓的人更诚实"，这样的新闻标题背后就隐藏着统计相关性。这样的联系有时候出自善意的新闻报道，有时候却来自大言不惭的感觉论者。那么，到底什么是统计相关性？它的工作机制又是什么？

假设你领导着一个旨在提高公民健康水平的政府组织。你也许会认为，你们应该专注于解决和本国密切相关的某个具体的健康问题，比如说肥胖。为了集中力量，做出成绩，合理的第一步应该是搜集数据，弄清本国哪些地区肥胖人群在总人口中的比例最高。我们假设下一页的表格就是你拿到的数据。

表1

地区	被归类为"肥胖"的人口比例
贝里维尔	3.5%
莎士比亚山	3.8%
可汗镇	23.0%
西海因里希森	16.3%
北塞恩斯伯里	8.8%
道提布鲁克	22.3%
芒克斯菲尔茨	19.7%
拉斯奎瓦斯	8.1%

　　一旦你弄清了哪些地区的肥胖率最高，下一个问题自然是：这些地区的情况为什么更糟？弄清某地区肥胖率高于其他地区的原因或许能帮助你设计出有效的策略来改善局面。假设你获得了这些地区各方面的统计数据，并决定做一些比较，也许你能找出某种规律。

表2

地区	被归类为"肥胖"的人口比例	公民平均年龄	平均气温	每个家庭平均的电视数量
贝里维尔	3.5%	39.4	26.5	0.9
莎士比亚山	3.8%	36.1	28.1	1.2
可汗镇	23.0%	34.7	26.4	6.4
西海因里希森	16.3%	32.3	27.2	4.4
北塞恩斯伯里	8.8%	37.3	23.5	2.7
道提布鲁克	22.3%	35.6	25.0	6.0
芒克斯菲尔茨	19.7%	31.0	22.7	5.1
拉斯奎瓦斯	8.1%	30.9	27.4	2.4

你还是什么都看不出来？没关系。现在这些数据看起来很乱，因为它们排列的顺序毫无规律可言。我们再试一次，但这次我们会在表3里把数据重新排列一下。

表3

地区	被归类为"肥胖"的人口比例	公民平均年龄	平均气温	每个家庭平均的电视数量
可汗镇	23.0%	34.7	26.4	6.4
道提布鲁克	22.3%	35.6	25.0	6.0
芒克斯菲尔茨	19.7%	31.0	22.7	5.1
西海因里希森	16.3%	32.3	27.2	4.4
北塞恩斯伯里	8.8%	37.3	23.5	2.7
拉斯奎瓦斯	8.1%	30.9	27.4	2.4
莎士比亚山	3.8%	36.1	28.1	1.2
贝里维尔	3.5%	39.4	26.5	0.9

这张表里的数据和表2一模一样，但我们根据每个地区的肥胖率调整了排列顺序。换句话说，我们按照肥胖率从高到低的顺序排列了所有数据。这种方法之所以有用，是因为肥胖率正是我们感兴趣的因素，所以，如果有别的信息呈现出符合肥胖率排序的规律，就意味着有些事情值得进一步调查。

统计学家和其他负责处理信息的人将这个过程称为"分析"。所以，如果你认识某位"数据分析师"，那你应该知道，他们的工作内容之一是整理海量的混乱数据，试着按照某种顺序排列它们，由此揭露某些乍看之下难以发现的结构。

现在是时候向你介绍统计学工具箱里的另一件设备了：可视化（visualisation）。人类的思考主要由视觉主宰，负责处理视觉的脑质是触觉脑质的4倍、听觉脑质的10倍。几乎一半的神经组织和视觉有着千丝万缕的关系，比其他所有感觉加起来还多。所以我们更擅长理解以图片形式呈现的信息。

把数据可视化的方法有几百种，但我们不妨先运用统计学家食谱里的主菜：散点图（scatter plot）。正如其名，散点图将信息转化成了一系列散落在二维平面上的点。

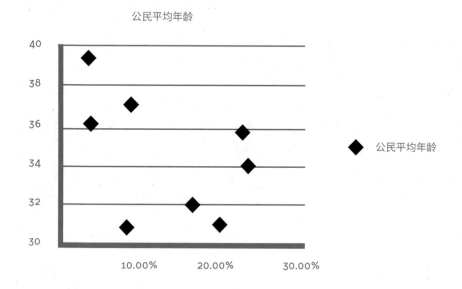

公民平均年龄

我们看到了什么？每个点代表一个地区。顺着横轴从左向右移动，肥胖率也从低到高。点的位置越高，该地区的公民平均年龄越大。

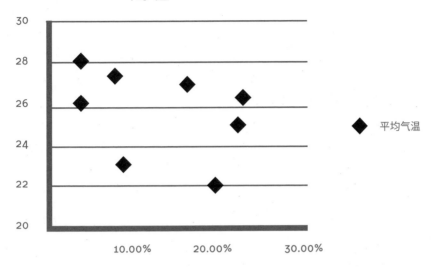

平均气温

◆ 平均气温

这和上一幅图是一回事，只是现在我们比较的是肥胖率与气候的关系。更高的肥胖率与更暖或更冷的温度有关吗？这两个因素之间也看不出任何联系。

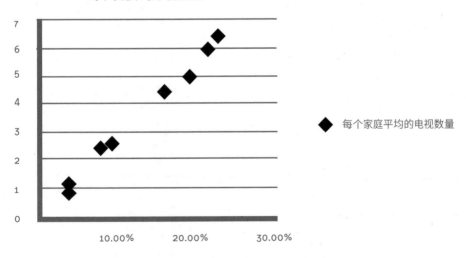

每个家庭平均的电视数量

◆ 每个家庭平均的电视数量

可是现在，当我们把肥胖率和每个家庭平均的电视数量放到一起比较的时候，看看发生了什么。这个数据呈现出清晰的图形。更低的肥胖率对应的是更少的电视数量，反之亦然。图表中段的点同样符合这条规律，电视数量和肥胖率的上升似乎正相关，这就叫统计相关性。

现在你可以想象出头条新闻的标题了。"电视导致肥胖！"但在这里，你必须承认一个重要事实：和其他任何工具一样，统计相关性也可能被误用。用术语来说，"相关不代表因果"。也就是说，仅仅因为两个量成比例地升降，并不意味着其中一个量是另一个的直接原因。二者之间的联系可能完全出于巧合。或者在我们这个案例中，更可能的是，这两个因素的变化都源于第三个隐藏的因素。在这种情况下，合理的假设应该是家庭人数的增加导致了肥胖率的上升（因为家里人多了，人们就有动力买更多可能导致肥胖的食物），家庭人数的增加又让人们购买了更多的电视（因为他们有这个经济实力）。

现在我们可以回过头去思考麻烦的左撇子了。福瑞和雷蒙德希望验证左利手和战斗优势之间的关系。如果这里面真有什么规律，他们应该寻求哪方面的数据？哪些文化拥有不同的左撇子比例？战斗技巧的重要性又该体现在哪里？在他们的研究中，两位学者决定比较8个传统社会的凶杀罪案率。他们认为，如果把现代文明列为调查对象，这可能会干扰结果，因为战斗技巧已经不再是我们挑选潜在配偶时重视的特质。对页的散点图体现了他们的调查结果。

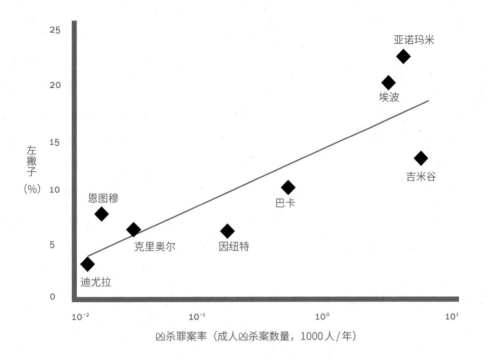

左撇子（%）

凶杀罪案率（成人凶杀案数量，1000人/年）

亚诺玛米

埃波

吉米谷

恩图穆

巴卡

克里奥尔

因纽特

迪尤拉

　　果然有联系！那么这是否意味着战斗假说得到了证实？呃，不。事实上，差得远，正如我们在肥胖率和电视数量的例子里看到的，这背后可能有更多的隐藏因素。甚至这样的联系完全出于巧合。但可以肯定的是：数学逻辑告诉我们，左利手之类的特征是有用的，上面的示意图为这个想法提供了新的证据。

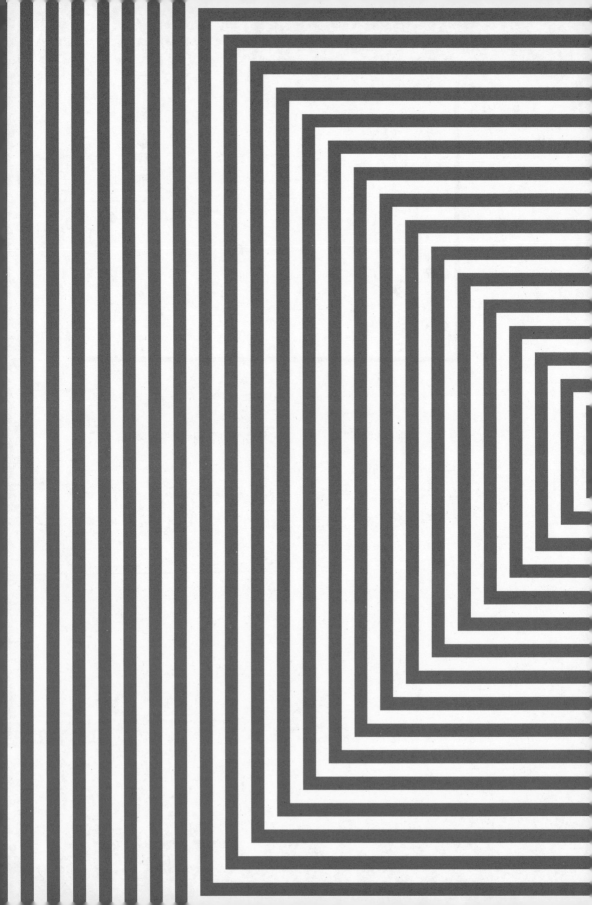

第26章

充满钟摆的世界

在上一章里，讨论左撇子为什么还没从基因池里消失的时候，我简略地提到了"平衡"的概念。在科学界的各个领域里，这是个常见的通用概念，因为我们在自然界中观察到了很多类似的现象：互相竞争的力量达成某种平衡的状态。这很合理，因为从定义上说，任何无法最终达成平衡的局面过一段时间必然会消失。

从数学的角度来说，"互相竞争的力量"是个有趣的概念，因为它往往会呈现这样的规律：

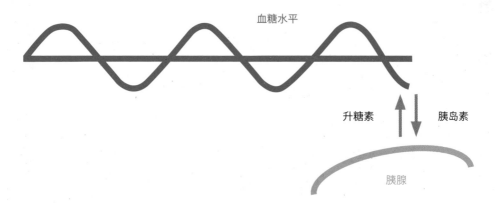

这幅示意图描绘的是血糖水平随时间变化的曲线，它体现了胰腺调节血糖的方式。图中的直线被称为"自我平衡设定点"，你可以把它视为任意给定时间点你血液里的"正常"血糖量。对人体来说，血糖升高是个大问题，高血糖可能导致惊厥，极端情况下甚至可能致死。一旦胰腺发现血糖水平过高，它就会释放胰岛素来减缓并最终抑制血糖的升高。

反过来说，低血糖也同样危险，为了预防低血糖，胰腺会释放升糖素来维持平衡。所以胰腺功能异常的糖尿病患者往往会随身携带凝胶软糖之类的糖果，以便在身体血糖水平骤降的紧急情况下及时服用。你体内的血压水平也由一套类似的机制精确调节，我们称之为"血压反射"（baroreflex）。

但你可能已经发现了，代表血糖水平的曲线图形在前面"'动听'的数学"那章中出现过。没错，这是一道正弦波，和音符的图形一样。

这类波形出现在"负反馈"系统里。很多机械系统是以负反馈为基础设计的,你可以从图中看到,很多生物系统也遵循同样的机制。我们想维护或调节某种环境或条件的时候,负反馈是一件称手的工具。

你可以自己创建一个这样的系统,观察负反馈有何用途:取一段绳子或其他类似的东西——牙线、鞋带或者手边的其他任何东西,在它的一头系一个重物。让重物在重力作用下自然下垂,然后让它向任意方向摆动。现在你的手不要动,观察下面发生的事。你刚刚创造了一个我们所知的最简单的负反馈系统:**钟摆**。

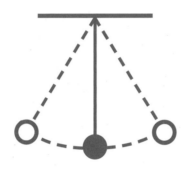

我们从17世纪就开始利用钟摆的规律运动来计时了。钟摆工作机制的核心正是负反馈:只要它在某个方向上运动得太远,与中心拉开的距离就会迫使它反向运动。而且这样的运动不需要多少干预就能一直持续下去。如果你以时间为轴画出钟摆来回运动的轨迹,它看起来是什么样的?

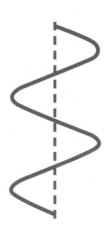

你猜对了，正是我们的老朋友，正弦波！

负反馈也会出现在经济领域。看看下面这幅示意图，它体现了1920年以来某地房地产价格的变化：

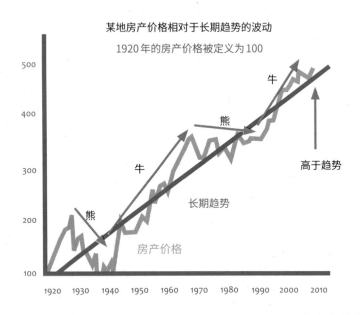

某地房产价格相对于长期趋势的波动

1920年的房产价格被定义为100

整个曲线的趋势是向上的，这反映了通货膨胀和下层住宅高档化等因素。但是，如果你暂时忽略整体的趋势，隐藏的正弦波形就会浮出水面，这反映了供求经济周期带来的负反馈闭环。随着越来越多的房产被购买、入住，稀缺性的上升会带来更多的需求和更高的价格（房地产专家称之为"牛市"）。但是，为了填补供给的缺口，政府会重新划分可开发的土地，大大提升可供出售的房产数量，由此降低需求，平抑价格（所谓的"熊市"）。

正如我们在讨论分形（见前面"穿过血管的闪电"那章）时观察到的那样，在这个美妙的时刻，数学再次让我们看到，看似风马牛不相及的事物背后原来隐藏着同样的概念或结构。

这也让我们明白，为什么有这么多人，可能也包括你，在学习数学的时候感觉如此艰难。从本质上说，数学研究的是隐藏在万事万物背后的东西，你需要忽略所有特定的细节和背景。看到"x^2"之类的符号时，我们知道它的意思是"x和自己相乘"，但x可以是三角形的一条边长，也可能是钱的数目或者光速。

　　不过，忽略这类细节和背景往往会让我们的大脑更难以把握它们背后的概念。除了让事情变得更难理解以外，这样做还可能让我们变得不再关心符号本身，如果我不知道x代表什么，我为什么会对它感兴趣？单单这两个因素就足以在很大程度上解释人们为什么会觉得代数那么难学。

　　但这不是什么短板或设计缺陷。它正是数学如此强大、有用的原因所在。

数学是最终极的万能钥匙：
如果你能学会如何运用，
那它能解决几乎任何问题。

致谢

尽管一本书的封面上只有一个作者的名字，但这样体量和质量的作品绝不可能由一个人单枪匹马地完成。这本书也不例外——有一大群人帮助我把梦想变成了现实。

克莱尔·克里格相信我一定能写出一本书来，哪怕当时我还没动笔。谢谢你唤醒了我对写作的爱。我以为这份爱早在多年前就已被彻底埋葬，但你让我看到，它只是打了个盹。

丽贝卡·汉密尔顿和布莱妮·科林斯以令人钦羡的耐心帮我梳理了成千上万个词，替我打磨每一个句子（和每一张图！）。尤其感谢丽贝卡说到做到，勇敢地当众尝试表演数学扑克魔术！

爱丽莎·蒂娜罗以她的艺术技巧赋予了本书生命。这本书从最开始就注定非常依赖视觉效果，所以感谢你花费了这么多时间来理解书中的概念，并和我一起努力帮助读者去体会这些真理！

狄伦·威廉和基斯·德福林提供了无价的数学建议。这两位"大写的M"数学家富有建设性的想法极大地提升了我写出来的所有东西。

当我闯入生物学和化学领域的时候，詹妮尔·希曼帮我磨砺了这些方面的科学知识，这是一位教育者向另一位教育者表达的谢意。

最后，我最深的感谢必须献给我的家人。米歇尔——非常感谢你包容了我疯狂性格中的每一个方面，而且依然爱我，尤其是在最近这段起伏特别剧烈的日子里。艾米丽、南森和杰米，谢谢你们给我的生命带来了这么多快乐，也感谢你们给了我一个重新爱上书本的理由！